郑州市水资源管理控制目标细化指南

席献军　编著

黄河水利出版社
·郑州·

内 容 提 要

本书以河南省划定的郑州市取水总量目标、用水效率目标和水功能区达标目标作为控制值,充分考虑各行政区水资源条件、现状水平年开发利用状况,统筹协调现状年和规划水平年经济社会发展对水资源的需求等,结合郑州市 2012 年水质监测评价结果等资料,将郑州市用水总量控制目标、用水效率控制目标和水功能区达标目标分解到各行政区,为今后郑州市、巩义市政府完成"最严格水资源管理制度"考核等工作提供参考依据。

本书可供水利行业相关部门及水资源规划与管理人员阅读参考。

图书在版编目(CIP)数据

郑州市水资源管理控制目标细化指南/席献军编著. —郑
州:黄河水利出版社,2017.10
ISBN 978 - 7 - 5509 - 1826 - 9

Ⅰ.①郑… Ⅱ.①席… Ⅲ.①水资源管理 - 郑州 - 指
南 Ⅳ.①TV213.4 - 62

中国版本图书馆 CIP 数据核字(2017)第 214246 号

组稿编辑:王路平 电话:0371-66022212 E-mail:hhslwlp@126.com

出 版 社:黄河水利出版社   网址:www.yrcp.com
        地址:河南省郑州市顺河路黄委会综合楼 14 层   邮政编码:450003
发行单位:黄河水利出版社
        发行部电话:0371 -66026940、66020550、66028024、66022620(传真)
        E-mail:hhslcbs@126.com
承印单位:虎彩印艺股份有限公司
开本:787 mm ×1 092 mm 1/16
印张:6.25
字数:110 千字
版次:2017 年 10 月第 1 版   印次:2017 年 10 月第 1 次印刷
定价:18.00 元

前　言

　　水是生命之源、生产之要、生态之基。根据新形势下水利的战略地位,为解决影响和制约经济社会发展的水问题,2011 年以来,《中共中央　国务院关于加快水利改革发展的决定》(中发〔2011〕1 号)、《国务院关于实行最严格水资源管理制度的意见》(国发〔2012〕3 号)、《国务院办公厅关于印发实行最严格水资源管理制度考核办法的通知》(国办发〔2013〕2 号)等文件,提出了确立水资源开发利用控制红线,建立取用水总量控制指标体系;确立用水效率控制红线,坚决遏制用水浪费,把节水工作贯穿于经济社会发展和群众生产生活的全过程;确立水功能区限制纳污红线,从严核定水域纳污容量,严格控制入河(湖)排污总量。

　　本书主要是以河南省划定的郑州市取水总量目标、用水效率目标和水功能区达标目标作为控制值,充分考虑各行政区水资源条件、现状水平年开发利用状况及其变化趋势,统筹协调现状年和规划水平年经济社会发展对水资源的需求,同时参考《郑州市国民经济和社会发展第十二个五年规划纲要》,以及《郑州市节水型社会建设“十二五”规划》等成果,并结合郑州市 2012 年水质监测评价结果等资料,将郑州市用水总量控制目标、用水效率控制目标和水功能区达标目标分解到各行政区,为今后郑州市、巩义市政府完成“最严格水资源管理制度”考核等工作提供有力的参考依据。

作　者

2017 年 4 月

目 录

前 言
第一章 基本情况 ……………………………………………… (1)
  第一节 背景缘由 ………………………………………… (1)
  第二节 自然地理 ………………………………………… (1)
  第三节 社会经济 ………………………………………… (4)
  第四节 水资源管理分区确定 …………………………… (5)
  第五节 水平年确定 ……………………………………… (5)
  第六节 技术路线 ………………………………………… (5)
  第七节 郑州市水资源管理控制目标 …………………… (6)
第二章 规划新建工程及现状取水审批情况 ……………… (7)
  第一节 规划新建工程 …………………………………… (7)
  第二节 现状取水审批情况 ……………………………… (7)
第三章 水资源管理指标体系 ……………………………… (15)
  第一节 指导思想及指标编制基本原则 ………………… (15)
  第二节 用水总量控制指标 ……………………………… (17)
  第三节 用水效率控制指标 ……………………………… (34)
  第四节 水功能区控制指标 ……………………………… (49)
第四章 保障措施 …………………………………………… (88)
  第一节 实施最严格的管理制度 ………………………… (88)
  第二节 出台调度管理措施,提高管理水平 …………… (89)
  第三节 建立监督管理机构,强化协调组织保障 ……… (90)
  第四节 强化监测能力建设,做好实时调度管理 ……… (91)
  第五节 建立依法取水的公共监督和举报制度 ………… (91)
  第六节 建立奖惩制度和水权转换制度 ………………… (91)
参考文献 ……………………………………………………… (94)

目 录

第一章 基本情况 …………………………………………………………………… (1)

第一节 自然条件 …………………………………………………………………… (1)

第二节 水资源量 …………………………………………………………………… (4)

第三节 社会经济 …………………………………………………………………… (4)

第四节 水资源开发利用状况 ……………………………………………………… (5)

第五节 水资源问题 ………………………………………………………………… (6)

第二章 水资源评价 ………………………………………………………………… (7)

第一节 水资源及其开发利用现状评价 …………………………………………… (6)

第二章 经济社会工程及水资源承载情况 ………………………………………… (7)

第一节 概况及现状 ………………………………………………………………… (8)

第二节 地表水资源量 ……………………………………………………………… (9)

第三章 水资源管理控制体系 ……………………………………………………… (13)

第一节 用水总量控制与用水效率控制红线 ……………………………………… (15)

第二节 用水水质控制红线 ………………………………………………………… (17)

第三节 用水效率控制红线 ………………………………………………………… (11)

第四节 水功能区控制红线 ………………………………………………………… (88)

第四章 管理措施 …………………………………………………………………… (88)

第一节 取用水管理的基本制度 …………………………………………………… (58)

第二节 地下水资源管理制度，地表水管理 ……………………………………… (85)

第三节 建设项目管理制度，建设项目水资源论证 ……………………………… (90)

第四节 用水总量控制管理，取水许可制度管理 ………………………………… (91)

第五节 建设项目水论证，节水型社会建设 ……………………………………… (9)

第六节 重大建设项目，控制与管理体制机制 …………………………………… (91)

参考文献 …………………………………………………………………………… (99)

第一章　基本情况

第一节　背景缘由

水是生命之源、生产之要、生态之基。根据新形势下水利的战略地位,为解决影响和制约经济社会发展的水问题,2011 年以来,《中共中央　国务院关于加快水利改革发展的决定》(中发〔2011〕1 号)、《国务院关于实行最严格水资源管理制度的意见》(国发〔2012〕3 号)、《国务院办公厅关于印发实行最严格水资源管理制度考核办法的通知》(国办发〔2013〕2 号)等文件,提出了确立水资源开发利用控制红线,建立取用水总量控制指标体系;确立用水效率控制红线,坚决遏制用水浪费,把节水工作贯穿于经济社会发展和群众生产生活全过程;确立水功能区限制纳污红线,从严核定水域纳污容量,严格控制入河湖排污总量。水利部根据中央 1 号文件,结合《全国水资源综合规划》配置方案,确定 2015 年全国年用水总量力争控制在 6 350 亿 m³ 以内;到 2020 年,基本建成水资源合理配置和高效利用体系,全国年用水总量力争控制在 6 700亿 m³ 以内;2030 年全国年用水总量力争控制在 7 000 亿 m³ 以内。

为进一步加强河南省水资源管理工作,积极践行可持续发展治水思路,深化水利各项改革,贯彻落实《国务院关于实行最严格水资源管理制度的意见》,维护社会和谐稳定,维系生态环境良性循环,促进经济社会的可持续发展,郑州水文水资源勘测局特编制《郑州市水资源管理控制目标细化指南》,希望能够给郑州市各级政府完成"最严格水资源管理制度"考核等工作提供有力的参考依据。

第二节　自然地理

郑州市位于河南省中部,隔黄河与焦作市、新乡市相望,东与开封市交界,西与洛阳市相接,南与许昌市相邻;介于东经 112°42′ ~ 114°14′和北纬34°17′ ~ 34°58′;东西长 115 ~ 150 km,南北宽 70 ~ 80 km,总面积 7 446.3km²,约占全省面积的 4.5%。

郑州地形地貌复杂,横跨我国第二级和第三级地貌台阶。地形总体上由西南向东北倾斜,形成高、中、低三个阶梯,由中山、低山、丘陵过渡到平原,山区、丘陵与平原分界明显。中山区海拔 1 000 m 以上,其中嵩山少室山主峰1 494 m;低山区海拔 400~1 000 m;丘陵区海拔一般为 200~400 m;平原区海拔均在 200 m 以下,其中大部分在 150 m 以下。全市山区面积 2 377 km²,占总面积的 31.9%;丘陵区面积 2 255 km²,占总面积的 30.3%;平原面积 2 815 km²,占总面积的 37.8%。根据地貌特征和成因,全市可划分为 5 个地貌小区。

(1)东北平原区。从北郊邙山头起,沿京广铁路至市区,向东南与中牟县卢医庙乡、黄店乡连线以东以北地区,地面高程 75~100 m。由于历史上黄河多次泛滥,河道变迁,形成黄河冲积扇形平原区,该区水利条件较好。

(2)东南沙丘垄岗区。京广铁路以东,郑州、黄店一线,由黄河泛滥时携带的沙土,经风力搬运遇障碍物堆积而成。区内的沙丘、沙垄多呈西南—东北向或东西向延伸的新月牙形。区内地面起伏大,岗洼相间,地面高程在 100~140 m。该区丘间洼地浅平,雨季有积水现象,为沙壤土耕作区。

(3)冲积倾斜平原区。京广铁路以西,西南山地丘陵以东地区,是山地向平原的过渡地带,由季节性河流堆积而成。地面高程在 100~200 m,地势由西南向东北倾斜。该区水利条件一般。

(4)低山丘陵区。包括登封、巩义、新密大部,荥阳南部,市区北部黄河南岸,以及市区西南和新郑小乔、千户寨以西地区。区内冲沟发育,沟壑纵横,沟深 30~60 m,呈"V"字形。地面起伏很大,高程在 200~700 m。该区水利条件差,干旱缺水,造成人畜饮水困难,作物产量低下。

(5)西南部群山区。主要指登封、巩义、荥阳、新密、新郑五市边界之间,由嵩山、箕山、五指岭诸山组成,属外方山脉的东延部分,海拔在 300~1 500m。该区土质复杂,荒山薄岭,植被很少,水土流失严重,不宜耕作。

郑州市属北温带大陆性季风气候,冷暖气团交替频繁,四季分明,春季干燥少雨,夏季炎热多雨,秋季天气多变,冬季寒冷多风,形成了冷暖适宜、雨热同期、干冷同季、气象灾害频繁的气候特征。全市年平均气温 14 ℃左右,最热月和最冷月的平均气温差 26~27 ℃,以 1 月最低,7 月最高,极端最高气温43 ℃,极端最低气温 -19.7 ℃。多年平均年降水量 635.6 mm(1956~2000年),降水量时空分布不均,夏季多雨,汛期 7~9 月三个月降水量占年降水量的 60% 左右,冬季少雨雪,年际间变化较大,全市平均年降水量的变差系数为0.24~0.30。由于地形复杂,降水空间上分布很不均匀,总体上呈由南向北逐渐递减的趋势,淮河流域大,黄河流域小。因山脉的抬升作用,在巩义、登封、新密及荥阳交界处(黄淮流域:索须河及双洎河分水岭)和登封、新密、新郑南部山区形成高值区,降水量在 700～750 mm,低值区在巩义、荥阳、郑州及中牟县北部黄河沿岸,年降水量在 575 mm 以下。

郑州市地跨黄河、淮河两大流域,总面积 7 446.3 km²。黄河流域包括巩义市、上街区全部,荥阳市、惠济区一部分,金水区及中牟县、新密市、登封市一小部分,面积 2 011.8 km²,占全市总面积的 27%;淮河流域包括新郑市、中原区、二七区、管城回族区全部,新密市、登封市、荥阳市、中牟县、金水区和惠济区的大部,面积 5 434.5 km²,占全市总面积的 73%。全市有大小河流 124 条,流域面积较大(≥100 km²)的河流有 29 条,其中黄河流域 6 条,淮河流域 23 条。过境河流有黄河、伊洛河,多年平均过境总水量 444.1 亿 m³(黄河花园口站),其中伊洛河过境水量 31.4 亿 m³(黑石关站)。

(1)黄河流域。

黄河是我国仅次于长江的第二大河,是中华民族的摇篮,全长 5 464 km,流域面积 752 443 km²。黄河由巩义市康店镇曹柏坡入郑州境内,流经巩义市南河渡、河洛镇,荥阳市汜水镇、北邙乡、广武镇,惠济区古荥镇、花园口镇和中牟县万滩镇、东漳乡、狼城岗镇入开封市境内。郑州境内河长 160 km,流域面积 2 011.8 km²,堤防长度 71.422 km。

黄河进入郑州市境邙山岭桃花峪以下,地势平坦,河床变宽,流速减缓,造成泥沙淤积,河床逐年升高,形成"悬河",高出两岸地面 3～10 m。

黄河在郑州市境内的支流有伊洛河、汜水河和枯河。

(2)淮河流域。

淮河是中国七大江河之一,其发源于河南省桐柏山太白顶,经河南、安徽到江苏省入洪泽湖,在江苏省江都县三江营入长江。淮河干流全长 1 000 km,流域面积 18.7 万 km²。郑州市 73% 的面积属淮河流域,境内有贾鲁河、索须河、双洎河、颍河、运粮河等支流。

全市主要分四个水文地质区:①嵩箕山侵蚀构造中低山裂隙岩溶水水文地质区,主要分布在登封,巩义南部,荥阳西南部,新密山区。②伊洛河断陷盆地冲洪积空隙水水文地质区,主要分布在巩义西北部,南河渡及康店乡。③嵩箕山前冲洪积倾斜平原空隙水水文地质区,主要分布在荥阳,新郑,中原区大部,巩义北部,新密东部,惠济区西部,二七区西部及中牟县西南部。④黄河冲积平原空隙水水文地质区,主要分布在金水区、管城回族区全部,惠济区东部及中牟大部。

郑州市辖 10 个区、5 个市、1 个县。此次《郑州市水资源管理控制目标细化指南》(简称《细化指南》,下同)将中原区、二七区、管城回族区、金水区、惠济区、高新区、经济开发区(简称经开区)、郑东新区 8 区合并为郑州市区。上街区、航空港区,以及登封市、新密市、新郑市、荥阳市、中牟县作为《细化指南》制定的行政分区,因巩义市为省辖市,此次《细化指南》不考虑在内,故扣除巩义市,全市总面积为 6 405.2 km²,各分区面积见表 1-1。

表 1-1 郑州市各分区面积(扣除巩义市)

行政分区	面积(km²)	占全市面积(%)	说明
新密市	978.0	15.3	
新郑市	764.8	11.9	已扣除航空港区面积
荥阳市	892.2	13.9	已扣除上街区面积
登封市	1 219.0	19.0	
中牟县	1 363.2	21.3	已扣除航空港区面积
郑州市区	992.6	15.5	包括中原区、二七区、管城回族区、金水区、惠济区、高新区、经济开发区及郑东新区
航空港区	138.0	2.2	
上街区	57.4	0.9	
合计	6 405.2	100	

第三节 社会经济

据《郑州市统计年鉴》,2010 年末扣除巩义市外,郑州市总人口为 785.255 0 万人,其中城镇人口 536.441 5 万人、农村人口 248.813 5 万人,城镇化率 68.3%。土地面积 6 405.2 km²,耕地面积 426.73 万亩(3 178.2 km²),农田有效灌溉面积 271.01 万亩(1 806.7 km²),粮食产量 151.004 万 t。

2010 年郑州市所辖各县(市、区)国内生产总值 3 621.580 6 亿元,其中第一产业 117.650 0 亿元、第二产业 1 955.202 8 亿元、第三产业 1 548.727 8 亿元。国内生产总值构成为:第一产业 3.25%、第二产业 53.99%、第三产业 42.76%。全市工业增加值 1 539.275 6 亿元,见表 1-2。

表 1-2　2010 年郑州市各县(市、区)经济社会基本情况　　（单位:亿元）

行政分区	国内生产总值	第一产业	第二产业			第三产业	工业增加值
			工业	建筑业	小计		
新密市	399.239 2	12.863 2	273.230 1	13.352 9	286.583 0	99.793 0	273.227 6
新郑市	362.656 8	16.639 5	246.268 9	13.831 3	260.100 2	85.917 1	261.851 0
荥阳市	358.756 2	19.454 7	240.381 3	13.743 9	254.125 2	85.176 3	240.377 4
登封市	313.028 0	9.201 5	235.409 9	9.087 1	244.497 0	59.329 5	235.404 7
中牟县	264.638 7	45.278 5	131.215 6	18.175 3	149.390 9	69.969 3	131.217 3
郑州市区	1 806.202 2	11.668 3	489.876 1	184.045	673.921 1	1 120.612 8	333.381 3
上街区	89.461 7	0.536 1	63.815 7	7.141 9	70.957 6	17.968 0	63.816 3
航空港区	27.597 8	2.008 2	15.581 7	0.046 1	15.627 8	9.961 8	—
全市	3 621.580 6	117.650 0	1 695.779 3	259.423 5	1 955.202 8	1 548.727 8	1 539.275 6

第四节　水资源管理分区确定

本书依据相关文件规定将各县(市、区)、经开区、高新区、郑东新区、航空港区作为水资源管理责任目标考核主体。市内五区(中原区、二七区、管城回族区、金水区、惠济区)、经开区、高新区、郑东新区、航空港区由于其取水许可、计划用水管理权限在市,因此仅对以上区域政府、管委会考核农业灌溉用水有效利用系数,其中航空港区由于其水源相对的独立性,仅对其用水总量控制目标进行分解。

第五节　水平年确定

水资源管理控制指标以 2010 年为现状水平年,以 2030 年目标作为红线控制目标,以 2015 年和 2020 年目标作为阶段管理目标。其中,水功能区达标评价以 2012 年为现状水平年。

第六节　技术路线

在《郑州市水资源综合规划》及其他相关规划等成果的基础上,采取实地调查与已有统计资料相结合的方法,对各行政区的地表水、地下水、水资源总量及可利用量进行评价;按照河南省划定的郑州市取水总量目标、用水效率目标和水功能区达标目标作为控制值,充分考虑各行政区水资源条件、现状水平年开发利用状况及其变化趋势,统筹协调现状水平年和规划水平年经济社会发展对水资源的需求,同时参考《郑州市国民经济和社会发展第十二个五年规划纲要》及《郑州市节水型社会建设"十二五"规划》等成果并结合郑州市2012年水质监测评价结果等资料,将郑州市用水总量控制目标、用水效率控制目标和水功能区达标目标分解到各行政区。

第七节　郑州市水资源管理控制目标

本书对郑州市2015年、2020年、2030年水资源管理控制目标进行分解。控制目标分解原则、方法是:以2030年目标作为红线控制目标,以2015年和2020年目标作为阶段管理目标,将郑州市用水总量控制目标分解细化到各行政区。

2015年郑州市用水总量控制目标为 209 230 万 m³,按水源分类,其中地表水控制目标为 104 130 万 m³,地下水控制目标为 100 000 万 m³,其他水源控制目标为 5 100 万 m³;2020年郑州市用水总量控制目标为 223 010 万 m³,按水源分类,其中地表水控制目标为 132 810 万 m³,地下水控制目标为 81 000 万 m³,其他水源控制目标为 9 200 万 m³;2030年郑州市用水总量控制目标为 250 340 万 m³,按水源分类,其中地表水控制目标为 179 080 万 m³,地下水控制目标为 61 260 万 m³,其他水源控制目标为 10 000 万 m³。

用水效率控制目标包括农业灌溉水有效利用系数和万元工业增加值用水量下降幅度两项指标。根据郑州市各行政分区农田灌溉模式,结合农田用水现状水平和发展规划,规划2015年和2020年全市农业灌溉水有效利用系数分别达到0.654、0.674。根据工业用水调查,结合各行政分区现状用水水平,全市 2015 年、2020 年万元工业增加值用水量下降幅度目标分别为34%、17%。

规划2015年全市32处水功能区重要河流水库水功能区达标个数为14个,达标率达43.75%;2020年全市重要河流水库水功能区达标个数为21个,达标率达65.63%;2030年全市重要河流水库水功能区达标个数为28个,达标率达87.50%。

第二章 规划新建工程及现状取水审批情况

第一节 规划新建工程

根据《郑州市国民经济和社会发展第十二个五年规划纲要》《河南省南水北调城市水资源规划报告》《郑州市水利发展"十二五"规划》《新密市水利发展"十二五"规划》《新郑市水利发展"十二五"规划》《荥阳市水利发展"十二五"规划》《登封市水利发展"十二五"规划》《上街区水利发展"十二五"规划》《郑州市给水工程规划(2008—2020)》《郑州市再生水利用规划说明书(2009—2020)》《郑州市排水工程规划说明书(2009—2020)》及其他相关规划,"十二五"期间,郑州市行政分区规划新建供水工程及供水量见表2-1。

第二节 现状取水审批情况

郑州市目前取得地表水取水许可的单位有17家,其中新密市13家,荥阳市2家,中牟县1家,上街区1家,加上黄委会批复的郑州市中心城区的引黄水量,全市地表水取水批复总规模为47 028.9万 m³,各县(市、区)取水审批情况见表2-2,不包括水力发电取水。

郑州市取得地下水取水许可的单位目前有737户,取水用途主要是生活、工业和公共商业,批复取水总规模9 651.25万 m³,其中浅层地下水批复取水规模为6 673.38万 m³,深层承压水批复取水规模为2 540.01万 m³,矿泉水批复取水规模为301.58万 m³,地热水批复取水规模为136.28万 m³。全市地下水取水审批情况为:郑州市中心城区地下水批复取水规模最大,批复地下水取水规模为3 281.68万 m³,占全市地下水批复取水总规模的34%;上街区地下水批复取水规模最小,批复地下水取水规模仅为110.2万 m³,占全市地下水批复取水总规模的1.1%。各行政区地下水审批情况见表2-3。

郑州市除巩义外,目前只有新密市审批其他水源,矿井排水1 163.31万 m³。其他县(市、区)均无其他水源取水许可审批情况。

表 2-1 郑州水利规划新增供水工程情况统计表

行政区	项目类型	序号	项目名称	建设性质	建设规模及主要内容	供水量	建设起止年限	总投资(万元)
郑州市区	供水工程	1	郑州市引黄灌溉工程	新建	规划调蓄工程总库容 6 030 万 m³，其中可调蓄库容(兴利库容)为 5 281 万 m³。主要建设内容包括龙湖调蓄池、固城北调蓄、甘池、绿博园湖群、中央湖公园、龙子湖及柳湖一级调蓄工程	5 281 万 m³	2011—2020	241 315
		2	郑州市雨水集蓄利用工程	新建	发展雨水集蓄利用灌溉面积 8.8 万亩，新增蓄水设施 14 265处，增加集流面积 1 590.28 万 m²	—	2011—2015	22 835
		3	郑州市农田灌溉井升级改造工程	续建	新打井 1 934 眼，维修、洗井 3 412 眼，更新配套水泵 27 562套，新建井护井 32 509 眼，安装 IC 卡灌溉井系统 5 000套，全市农田灌溉井保有量达 46 387 眼以上	—	2010—2013	29 859
		4	2008 年已建水厂供水规模	已建	柿园水厂 32 万 m³/d，中法水厂 30 万 m³/d，石佛水厂 10 万 m³/d，东周水厂 20 万 m³/d，井水 4 万 m³/d，在册自备井 10 万 m³/d	合计 106 万 m³/d	—	—
		5	龙湖水厂	新建	建设龙湖水厂一期工程，设计规模 10 万 m³/d	增加规模 10 万 m³/d	2009—2015	
		6	刘湾水厂	新建	刘湾水厂一期设计规模 20 万 m³/d	增加规模 20 万 m³/d	2009—2015	
		7	侯南水厂	新建	侯南水厂一期设计规模 10 万 m³/d	增加规模 10 万 m³/d	2009—2015	
		8	须水水厂	新建	须水水厂一期设计规模 10 万 m³/d	增加规模 10 万 m³/d	2009—2015	
		9	调水	新建	从荥阳三水厂调水	增加规模 6 万 m³/d	2009—2015	
		10	中法水厂	续建	2015 年全部置换为南水北调水	规模 30 万 m³/d	2014—2015	
		11	柿园水厂	续建	2016 年全部置换为南水北调水	规模 32 万 m³/d	2014—2015	
		12	南水北调引水工程	新建	每年分配给郑州市区 3.147 亿 m³	3.147 亿 m³/a	2014—2015	

续表 2-1

行政区	序号	项目类型	项目名称	建设性质	建设规模及主要内容	供水量	建设起止年限	总投资（万元）
新密市	1	供水工程	规划实施东水西引——新密市引黄补源工程	新建	利用郑州市修订引黄蓄水工程规划的有利时机，规划实施新密市引黄补源工程，从尖岗水库引黄河水入云蒙山水源，作为城市供水和灌溉工程的补充水源，每年调水1亿 m³，确保城市供水和灌溉用水。工程需对云蒙山水库除漏，并建加压泵站1处，铺设两条直径1 000 mm、长33 km的输水管道	1亿 m³/a	—	38 000
	2		东方红灌区工业供水项目	新建	从东方红灌区调水入曹马沟水库，曹马沟水库作为供水调节水池，建提水工程，铺设两条直径1 000 mm、长7 km的输水管道至裕中电厂，供给中电厂二期生产用水，年供水量1 500万 m³	1 500万 m³/a	2011—2015	5 600
	3	新建水库项目	抗旱减灾工程	新建	新打机井200眼，铺设管道300 km	—	2011—2015	—
	4		新建大潭嘴水库	新建	在苟堂乡老湾建大潭嘴水库，水库设计坝高38 m，坝长400 m的质均土坝，水库总库容3 075万 m³，正常蓄水位188.00 m，最大防洪库容1 020万 m³，兴利库容2 065万 m³，涉及移民2 500多人	兴利库容:2 065万 m³	—	38 000
	5		新建皇帝宫水库工程	新建	在云岩宫水库大坝下游建坝蓄水400 m，水库设计坝高35 m，坝长510.50 m，水库总库容:475万 m³	总库容:475万 m³	2011—2015	16 000
	6		新建一批小型水库	新建	在南部北部山区新建石板沟、寺沟等一批小型水库，增加兴利库容1 500万 m³	兴利库容:1 500万 m³	—	31 000

续表2-1

行政区	项目类型	序号	项目名称	建设性质	建设规模及主要内容	供水量	建设起止年限	总投资（万元）
新密市	城市供水项目	7	李湾水库补源及供水管网扩容改造工程	新建	将水库附近的王庄排水地排出的地下水补源至水库，主要包括建设总长5 km，直径400 mm的钢管管道，加压设备及辅助建筑，年可向李湾水库补水200万 m³；实施李湾水库供水工程扩容改造工程，主要包括新增一条总长16 km，直径600 mm的钢管管道，确保年供水620万 m³	620万 m³/a	2011—2015	3 000
		8	新密市城镇供水工程	新建	新增城市日供水能力2.0万 t	2.0万 t/d	2011—2014	—
新郑市	供水工程	1	新郑市第二水厂建设工程	新建	规划以南水北调水为水源，建设规模为一期供水工程10万 m³/d(二期供水工程建设规模根据未来发展实际确定)	10万 m³/d	2011—2014	25 000
		2	新郑市中心城区生态水系补源工程	新建	为满足城市生态用水、景观用水和回补用水，拟利用辛店煤矿矿坑排水和城市水系进行补源，满足日益增长的城市用水需求	—	2011—2012	1 500
		3	高班庄水库建设	新建	在西关闸至高班庄闸间段进行河道治理的同时，于2013—2015年在高班庄闸至双湖水库建成双湖湖，并实施滨河景观治理	—	2013—2015	1 200
		4	新郑市赵家寨煤矿供水工程	新建	主要包括水源工程、输配水管道、水厂工程	2万 m³/d	2011—2013	—
		5	新郑市第一水厂应急供水工程	续建	该工程水源全部为地下水，建设内容主要包括水源工程、净水厂工程、输水管网及配水工程、其他工程，需打井19眼，铺设输水管道25 km，并对现水厂和庄庄水厂进行升级改造。计划2011年建成，完工后可增加供水能力1.3万 m³/d，短期内解决新郑市用水紧张问题，保证城市供水平稳过渡到第二水厂建成投用	1.3万 m³/d	2010—2011	4 987

续表 2-1

行政区	序号	项目类型	项目名称	建设性质	建设规模及主要内容	供水量	建设起止年限	总投资（万元）
新郑市	6	供水工程	农村安全饮用水工程	续建	在 2011—2012 年期间，将有重点地在城关、辛店、观音寺、龙湖等水源丰富、人口密集的乡（镇），规划建设规模大、标准高的集中水厂工程建设，同时兼顾联村供水工程建设		2011—2012	7 500
	7		南水北调引水工程	新建	每年分配新郑市 6 650 万 m³	6 650 万 m³/a		
登封市	1	供水工程	农村安全饮用水工程	新建	包括少林办、君召乡、大金店镇、卢店镇等各镇村村通供水工程	26 198 m³/d	2011—2015	80 100
	2		节水灌区规划建设	新建	建设节水灌示范区 9 个，有效益面积 25 200 亩	3 900 m³/d	2011—2015	2 399.4
	3		新建水库规划	新建	大金店镇段村水库建设		2011—2015	4 360
	4			新建	水磨湾水库建设		2011—2015	1 890
	5		小型水源建设	新建	维修坑塘，改建水坝，新建机井，水窑等			
荥阳市	1	供水工程	村村通饮水工程	新建	解决 330 012 人饮问题	602.3 万 m³/a	2014—2015	
	2		南水北调引水工程	新建	每年可提供 7 640 万 m³	7 640 万 m³/a	2011—2015	
上街区	1	供水工程	新建提灌站 4 座	新建	五云山山大型提灌站、石嘴村胡寨提灌站、石嘴村提灌站、扩建大坡顶村提灌站	700 m³/a	2011—2015	3 850
	2		全区重点用水企业用水工艺改进，主要用水设备更新改造节水项目	新建	对月用水量超过 1 万 t 的自备井用水进行水平衡测试，并通过查漏维修、工艺改进等措施实行节水项目建设	年可节约水量约 10 万 m³	2011—2015	—
	3		南水北调引水工程		每年分配给上街区 1 500 万 m³	1 500 万 m³/a	2014—2015	

续表2-1

行政区	项目序号	项目类型	项目名称	建设性质	建设规模及主要内容	供水量	建设起止年限	总投资（万元）
上街区	4		中铝河南分公司黄河荥阳提水站		中铝河南分公司在黄河荥阳段建设有提水站，日供水能力6万m³，年供水能力2190万m³	2190万m³/a	—	—
	5	供水工程	五云山提灌站		提水32万m³/a	提水32 m³/a	—	—
	6		大坡顶提灌站		提水100万m³/a	提水100 m³/a	—	—
	7		区自来水公司供水	已建	供水300万m³/a（包括生活用水和工业用水）	供水300万m³/a	—	—
	8		城区自备井供水		供水301万m³/a（包括生活用水和工业用水）	供水301万m³/a	—	—
	9		中铝河南分公司供水系统		供水3185万m³/a（包括生活用水和工业用水）	供水3185万m³/a	—	—
巩义市	1	供水工程	佛湾水库建设	新建	规划新建库容1600万m³	库容1600万m³	2011—2015	14 805.5
中牟县	1	供水工程	中牟现代灌区示范区	新建	干支渠疏挖，新建改建各类建筑物等	年节水量719.84万m³	2010—2011	9 302.89
	2		三刘寨引黄灌区	新建	干支渠疏挖，新建改建各类建筑物等	年节水量4 183.22万m³	2011—2015	7 937.14
	3		南水北调引水工程	新建	每年分给中牟县2 740万m³	2740万m³/a	—	—

表 2-2　郑州市地表水取水许可审批情况调查表

序号	行政分区	取水户名称	取水地点	取水用途	批复取水规模（万 m^3）	取水许可批复时间（年-月-日）	批复机关
1	新密市	郭有才	城关镇湾子河四组	生活用水	0.1	2006-05-10	新密市水务局
2		郭水旺	城关镇湾子河四组	生活用水	0.1	2006-05-10	新密市水务局
3		桑建勋	城关镇湾子河四组	生活用水	0.1	2006-05-10	新密市水务局
4		程红卫	西大街办事处前士郭八组	生活用水	0.1	2006-04-03	新密市水务局
5		新密市中原特种耐火材料有限公司	苟堂镇土门村	生产生活	0.18	2006-02-01	新密市水务局
6		新密市神州纸业有限公司	苟堂镇苟堂村南街		3	2006-02-01	新密市水务局
7		郑州寅发耐火材料有限公司	苟塘镇玉皇庙村		3	2006-05-10	新密市水务局
8		新密市苟堂兴隆纸业有限公司	苟堂镇樊沟村	生产生活	5	2006-05-10	新密市水务局
9		新密市金海纸业有限公司	超化镇崔庄村	生产生活	9	2006-04-03	新密市水务局
10		新密市苟堂第一板纸厂	苟堂镇樊沟村	生产生活	20	2006-05-10	新密市水务局
11		新密市顺兴纸业有限公司	新密市大隗镇大庙村		0.32	2009-09-25	新密市水务局
12		郑州青屏纸业有限公司	大隗镇观寨村	生产用水	10	2010-12-13	新密市水务局
13		郑州永光纸业有限公司	大隗镇观寨村	生产用水	2	2010-12-13	新密市水务局
14	荥阳市	天瑞集团郑州水泥有限公司	荥阳市丁店水库	工业、生活	238	2009-12	荥阳市水务局
15		郑州荥锦绿色环保能源有限公司	荥锦绿色环保能源有限公司厂区内	生产生活	37	2010-11	荥阳市水务局
16	中牟县	郑东新区热电厂有限公司	杨桥灌区	工业	51	2007-06-10	河南省水利厅
17	郑州市区		黄河干流		43 000		水利部黄委会
18	上街区	中铝河南分公司	荥阳市王村镇	工业、生活	3 650	1987-02	水利部黄委会
全市		18 家			47 028.9		

表 2-3　郑州市地下水取水许可审批情况调查表

行政分区	取水户数	取水用途	批复取水规模（万 m³）					取水许可批复时间	批复机关
			浅层地下水	深层承压水	矿泉水	地热水	合计		
新密市	145	工业 23 户,农业 1 户,生产生活 121 户	1 634.12	623.34	0.2	0	2 257.66	2006 年 2 月至 2010 年 12 月	新密市水务局
新郑市	50	工业 2 户,农业 1 户,生活 24 户,洗浴 2 户	714.64	0	0	0	714.64	2008 年 3 月至 2009 年 12 月	新郑市水务局
荥阳市	43	生产经营 1 户,地温空调 2 户,服务业 1 户,工业 2 户,生产生活 18 户,生产生活灌溉 1 户,生活 16 户,游泳池用水 1 户,其他 1 户	190.7	0	0	12	202.7	2009 年 1 月至 2010 年 12 月	荥阳市水务局
登封市	27	工业 3 户,工业、生活 12 户,公共商户 3 户,生活 8 户,其他 1 户	692.26	0	0	0	692.26	2006 年 5 月至 2010 年 3 月	登封市水务局
中牟县	98	工业 1 户,生活 23 户,生活,工业 74 户	2 391.61	0.5	0	0	2 392.11	2003 年 9 月至 2010 年 12 月	中牟县水务局
郑州市区	361	工业 76 户,公共商业 19 户,其他 19 户,生活 239 户,生活,工业 5 户,生活其他 3 户	939.85	1 916.17	301.38	124.28	3 281.68	2005 年 6 月至 2010 年 7 月	郑州市水务局
上街区	13	工业、生活 13 户	110.2	0	0	0	110.2	1970 年至 2004 年 8 月	上街区节水办
全市合计	737		6 673.38	2 540.01	301.58	136.28	9 651.25		

第三章　水资源管理指标体系

第一节　指导思想及指标编制基本原则

一、指导思想

深入贯彻落实科学发展观,以水资源配置、节约和保护为重点,强化用水需求和用水过程管理,通过健全制度,落实责任,提高效能,强化监督,严格控制用水总量,全面提高用水效率,严格控制入河(湖)排污总量,加快推进节水型社会建设,促进郑州市水资源可持续利用和经济发展方式转变,推动郑州市经济社会发展与水资源环境承载能力相协调,保障郑州市经济社会长期平稳较快发展。

二、指标编制基本原则

水资源管理指标编制工作,应以科学发展观为指导,以实行最严格水资源管理制度的要求为依据,统筹协调经济社会发展与生态环境保护的关系,以促进水资源可持续利用为目标,坚持公平公正、民主协商、科学合理的原则;坚持因地制宜、尊重现状、全面规划的原则;坚持优化配置、促进节约的原则;坚持保障供水安全、粮食安全和生态安全的原则。

按国发〔2012〕3号文,水资源管理指标包括水资源开发利用红线、用水效率红线和水功能区限制纳污红线(简称"三条红线")共9项控制指标。"三条红线"涵盖了取水、用水、排水全过程,互为支撑、紧密关联,是不可分割的有机整体,如图3-1所示。

水资源开发利用红线控制指标包括用水总量、分水源供水量和分行业用水指标3项内容;用水效率红线控制指标包括万元工业增加值用水量下降幅度、农业灌溉用水有效利用系数和工业用水重复利用率3项内容;水功能区限制纳污红线控制指标包括主要河流湖库水功能区水质达标率、城市集中式饮用水水源地取水水质达标率、污水处理率(分城市污水处理率和农村污水处理率)3项内容。

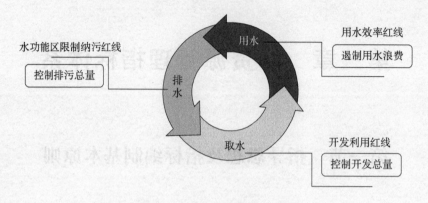

图 3-1　"三条红线"关系示意图

（1）国发〔2012〕3 号文对上述的总体要求分 2015 年、2020 年和 2030 年三个阶段分步实施,而郑州市则需要在深入分析现状郑州市上述内容的具体情况,并结合省下达郑州市的分阶段指标的基础上,制定郑州市的具体指标并细化到各行政分区（县、市、区）。这就需要分析、研究、细化各行政分区水资源量、水资源可利用量（含境内及过境水资源量和可利用量）和用排水量及水环境承载能力,河流供水能力与纳污能力,开发利用程度与水质标准等。经过检查修正历年（特别是近几年）《水资源公报》等有关资料,分析上述各项控制指标及其变化趋势,分析其合理性与存在问题,以及造成的原因等。

（2）综合考虑市（县、区）区域水资源开发利用及水质达标现状、用水效率、产业结构和经济社会"十二五"发展规划,制定出 2015 年、2020 年、2030 年红线控制指标,并细化到各市（县、区）。

（3）到 2015 年,全市主要河、湖、库水功能区达标率要达到省下达目标。在落实省下达目标时,按照优先保证饮用水水源水质,优先控制出境水质,保护区和保留区不低于现状水质的原则,制定相应的达标率,在此基础上制定排污总量控制红线,根据现状确定 2020 年、2030 年的目标并细化到市（县、区）。

（4）具体措施要根据红线控制指标的需要确定控制断面（节点）,必要时在现有的基础上增加补充控制断面（节点）,并按要求监测,为市（县、区）加强水资源管理提供技术支撑,同时便于上一级水行政主管部门考核。为保证生活、环境用水逐年增加的需求,在保证工农业生产不受影响的前提下,加大推广节水技术和产业调整,逐步实现农业、工业用水零增长或负增长,特别是农业用水量要逐年负增长。要减少中深层地下水开采量,对有关市（县、区）在压缩中深层地下水开采量时确定替代水源。根据中深层地下水开采情况和替代水源情况,制定逐年压缩规模,最终达到省下达要求,落实国发〔2012〕3 号文把中深层地下水作为应急水源的要求。要重视废污水资源化,提高污水处理率。处理后的污水要充分利用,污水回用率要逐年提高,逐步达到省提出的要求,以补充用水不足,有利于用水总量红线控制指标的落实,同时提高功能区水环境达标率,改善水环境。合理利用再生水,包括城市再生水和矿井排水,根据其水量制定相应县(市、区)逐年利用量,最终完成省下达的指标任务。城市景观用水、绿草用水等环境用水要以雨水、再生水为主,禁止使用地下水或以地下水为供水水源的自来水。

第二节　用水总量控制指标

一、河南省对郑州市下达的用水总量控制目标

根据《中共中央　国务院关于加快水利改革发展的决定》(中发〔2011〕1号)、《国务院关于全国水资源综合规划(2010—2030年)的批复》(国函〔2010〕118号)及《国务院办公厅关于印发实行最严格水资源管理制度考核办法的通知》(国办发〔2013〕2号)等文件,用水总量控制指标以2030年指标为红线控制目标,以2015年和2020年指标作为阶段管理目标。国家分配给河南省的用水总量目标2015年为260亿 m^3 ,2020年为282.15亿 m^3 ,2030年为302.78亿 m^3 。省对用水总量控制目标逐级分解到市,其中对郑州市用水总量控制目标分解见表3-1。郑州市水资源管理控制目标细化指南中,用水总量控制目标不能突破表3-1中分水源用水量及用水总量。

表3-1　河南省分配郑州市用水总量控制目标　　　　(单位:亿 m^3)

水平年	保证率	分类	黄河	淮河	合计
2015年	多年平均	地表水	0.762	11.608	12.370
		地下水	2.074	7.969	10.043
		其他水	0.000	0.510	0.510
		小计	2.836	20.087	22.923
2020年	多年平均	地表水	0.780	14.604	15.384
		地下水	2.074	6.123	8.197
		其他水	0.000	0.920	0.920
		小计	2.854	21.647	24.501
2030年	多年平均	地表水	0.794	17.743	18.537
		地下水	2.053	5.944	7.997
		其他水	0.000	1.000	1.000
		小计	2.847	24.687	27.534

二、郑州市现状用水量

郑州市现状水平年 2010 年用水总量为 17.372 5 亿 m³,见表 3-2。用水量数据以 2010 年度郑州市水资源公报为基础,结合近十年各行政区用水情况进行适当调整。

表 3-2 2010 年郑州市行政分区用水量统计表　　　（单位:万 m³）

行政区	地表水用水量		地下水用水量	中水用水量	总用水量
	总量	其中:引黄			
巩义市	6 300	1 225	9 394		15 694
登封市	3 689		8 928		12 617
荥阳市	2 238	466	11 173		13 411
新密市	2 486		12 224		14 710
新郑市	847		13 804		14 651
中牟县	10 000	10 000	18 495		28 495
郑州市区	34 485	34 485	31 362	3 500	69 347
航空港区	0		1 800		1 800
上街区	2 200	1 200	800		3 000
合计	62 245	47 376	107 980	3 500	173 725

注:上街区地表水供水量中包含引巩义市新中煤矿排水量。

三、可供水量分析

郑州市供水水源主要包括过境黄河水源、南水北调中线工程水源,当地地表水源、地下水源和其他水源(中水、矿坑排水)。以下对这些水源可供水量分别进行分析。

(一)南水北调中线供水量

按照南水北调中线工程总体规划,在 2014 年 10 月实现通水,2015 水平年郑州市可以用上南水北调水源,郑州市分配到用水指标为 5.4 亿 m³;2030年前南水北调中线二期工程能够通水,届时郑州市用水指标增加到 9.8 亿 m³左右,详见表 3-3。

表 3-3 郑州市南水北调中线工程水量分配方案　　　（单位:万 m³）

行政区域	荥阳市	新密市	新郑市	中牟县	郑州市区	航空港区	上街区	合计
一期配额	5 840	0	5 000	2 740	29 520	9 400	1 500	54 000
二期配额	9 928	3 200	8 500	6 658	50 184	15 980	3 550	98 000

注:2030 年前中线二期工程通水,各行政区按一期指标的 170% 进行分配,并额外分配给新密市 3 200万 m³、上街区 1 000 万 m³、中牟县 2 000 万 m³。

按以上水量分配方案作为各行政区南水北调中线工程可供水量。需要说明的是,南水北调中线二期工程水量分配方案仅作为用水总量控制目标分析计算的参考,不是今后的水量分配方案和指标等,下面分析同理。

(二)黄河干流可供水量

按照《河南省人民政府关于批转河南省黄河取水许可总量控制指标细化方案的通知》精神,省分配给郑州市黄河干流取水许可总量控制指标为 4.2 亿 m³、耗水指标为 3.9 亿 m³,见表 3-4。

表3-4　河南省分配郑州市黄河干流取水许可总量　　　　（单位:万 m³）

行政区	巩义市	荥阳市	中牟县	郑州市区	航空港区	上街区	合计
分配水量	3 225	610	10 000	23 965		1 200	39 000

分配原则:中牟县、荥阳市、上街区、巩义市水量分配按照 2010 年许可量和已经进入待批许可量之和计算,郑州市区包含剩余引黄指标。

按以上取水许可总量作为各行政区黄河干流可供水量。

(三)伊洛河可供水量

伊洛河分配郑州市引水总量 24 000 万 m³,巩义市境内现状用水为 1 500 万 m³。

预计郑州市从伊洛河引水的西水东引工程 2020 年前建成,规划引水量为 18 000 万 m³,其中郑州市区引水 15 000 万 m³,剩余 3 000 万 m³,巩义市留用 2 000 万 m³,荥阳市引水 1 000 万 m³。同时,伊洛河剩余 6 000 万 m³ 水量指标留给巩义市使用。

综合考虑,各规划水平年伊洛河分配指标见表 3-5,以此作为伊洛河可供水量。

表3-5　伊洛河各水平年分配指标　　　　（单位:万 m³）

行政区	巩义市	荥阳市	郑州市区	合计
2015 年分配水量	4 000			4 000
2020 年分配水量	8 000	1 000	15 000	24 000
2030 年分配水量	8 000	1 000	15 000	24 000

(四)当地地表水可供水量

根据《郑州市水资源综合规划》(2006 年)计算成果,郑州市各行政区当地地表水资源量及地表水可利用量计算见表 3-6。

表 3-6　郑州市各行政区地表水可利用量计算

行政区	地表水资源量（万 m³）	2015 年地表水资源可利用量		2020 年地表水资源可利用量		2030 年地表水资源可利用量	
		占比（%）	数量（万 m³）	占比（%）	数量（万 m³）	占比（%）	数量（万 m³）
①	②	③	④ = ②×③	⑤	⑥ = ②×⑤	⑦	⑧ = ②×⑦
巩义市	10 875	30	3 262	35	3 806	40	4 350
新密市	15 190	35	5 317	45	6 836	45	6 836
新郑市	7 579	35	2 653	45	3 411	45	3 411
荥阳市	9 669	30	2 901	40	3 868	40	3 868
登封市	6 325	30	1 897	35	2 214	40	2 530
中牟县	9 214	5	461	8	737	12	1 106
郑州市区	8 146	10	815	12	977	15	1 222
航空港区	2 875	3	86	5	144	8	230
上街区	488	3	15	5	24	8	39
全市合计	70 361		17 407		22 017		23 592

注: 航空港区面积按 415 km² 计算,下同。

(五)地下水可供水量

根据省分配郑州市地下水用水指标,地下水开采量需要在现状开采量基础上进行压采(压缩地下水开采量)。压采的原则是:第一,所有行政区全部压采(除航空港区);第二,有替代水源的行政区多压采,无替代水源的少压采;第三,按照替代水源比例进行;第四,2030 年南水北调受水行政区地下水开采量不超采。

具体计算步骤如下:

(1)确定 2015、2020 水平年的压采量。省分配郑州市 2015、2020 水平年地下水用水指标分别为 10.043 亿 m³、8.197 亿 m³,郑州市现状年开采量为10.798 亿 m³,现状年开采量减各水平年允许开采量就得到全市地下水压采量,分别为 0.755 亿 m³、2.601 亿 m³。为确保不超过省分配地下水用水指标,需要适当留有余地,全市 2015、2020 水平年压采量分别采用 0.798 亿 m³、2.698 亿 m³。

(2)确定各行政区压采量占比。因 2015、2020 水平年水源替代情况不一样,综合考虑按照 2020 水平年水源替代比例进行压采。以 2020 年各行政区新增引水量为基准,其新增引水总量与全市新增引水总量之比即为其新增引水量占比,以此作为压采量占比。

(3)确定各行政区压采量。各行政区压采量占比与各水平年全市压采量相乘得各行政区各水平年压采量。航空港区作为国务院批准的综合实验区，应重点支持，不参与压采，直接采用地下水可开采量 0.3 亿 m^3 作为允许开采量；登封市、新密市缺少替代水源，适度压采。

（4）确定 2015、2020 水平年地下水可开采量。各行政区现状年开采量减去各水平年压采量得地下水可开采量，即地下水可供水量。

（5）确定 2030 水平年地下水可开采量。

根据《郑州市水资源综合规划》，郑州市各行政区地下水可开采量见表 3-7。根据 2030 水平年地下水基本不超采的原则，郑州市南水北调受水区按照可开采量确定地下水开采量指标，登封、新密两市缺少替代水源，考虑经济社会发展，在 2020 年压采基础上，分别再压采 200 万 m^3、1 500 万 m^3。计算结果见表 3-8。

表 3-7　2030 年郑州市各行政区地下水开采量指标

行政区	地下水开采量指标（万 m^3）		
	地下水可开采量	非受水区地下水开采指标	2030 年地下水开采量指标
巩义市	7 204		6 777
登封市	5 800	7 928	7 928
荥阳市	5 380		5 380
新密市	6 759	9 924	9 924
新郑市	5 045		5 045
中牟县	14 373		14 373
郑州市区	8 333		8 333
航空港区	3 000		3 000
上街区	500		500
合计	56 394		61 260

注：因巩义市 2030 年地下水可开采量大于 2020 年开采量指标，故不采用地下水可开采量数据，维持 2020 年指标；登封市在 2020 年压采基础上多压采 200 万 m^3，即压采 1 000 万 m^3；新密在 2020 年压采基础上多压采 1 500 万 m^3，即压采 2 300 万 m^3。

（六）其他供水水源供水量

郑州市其他供水水源主要包括中水和矿井排水。目前，中水利用有较大进展，部分电厂已经使用中水作为冷却水源。

1. 中水水源

郑州市污水处理厂建设力度较大，各县（市、区）都已建成并投入运行。可使用的中水量比较大，而且中水使用是国家政策鼓励和提倡的。因此，分配

表 3-8 各行政区地下水压采量、允许开采指标计算

（单位：万 m³）

年份	行政分区	巩义市	登封市	荥阳市	新密市	新郑市	中牟县	郑州市区	航空港区	上街区	合计	压采量	省定开采指标	现状年开采量-压采量
2020	南水北调配水量	0	0	5 840	0	5 000	2 740	29 520	9 400	1 500	54 000			
	伊洛河新增水量	6 500	0	1 000	0	0	0	15 000	0	0	22 500			
	合计增引水量	6 500	0	6 840	0	5 000	2 740	44 520	0	1 500	67 100			
	新增水量比例（%）	9.7	0	10.2	0	7.5	4.1	66.3	0	2.2	100			
2010	现状年开采量	9 394	8 928	11 173	12 224	13 804	18 495	31 362	1 800	800	107 980			
2015	地下水压采量按比例计算值	774	0	814	0	599	327	5 291	0	175	7 980	7 980	100 430	100 000
2020		2 617	0	2 752	0	2 024	1 106	17 887	0	594	26 980	26 980	81 970	81 000
2030									0			45 420	79 970	62 560
2015	地下水压采量采用值	774	300	814	300	599	327	4 691	0	175	7 980			
2020		2 617	800	2 752	800	2 024	1 406	16 287	0	294	26 980			
2030		1 000	1 000		2 300				0					
2015	地下水允许开采指标	8 620	8 628	10 359	11 924	12 705	16 968	27 171	3 000	625	100 000			
2020		6 777	8 128	8 421	11 424	11 280	16 389	15 075	3 000	506	81 000			
2030		6 777	7 928	5 380	9 924	5 045	14 373	8 333	3 000	500	61 260			

注：表中地下水允许开采量即是地下水可利用量；航空港区允许开采量指标按面积 415 km² 计算。

的中水指标不是限定指标,可以根据各行政区实际情况鼓励使用。各行政区中水供水量配额见表3-9。

表3-9 郑州市中水供水量额度分配

行政分区	中水供水量(万 m³)		
	2015 年	2020 年	2030 年
巩义市	400	850	950
登封市	400	850	950
荥阳市	400	850	950
新密市	400	850	950
新郑市	400	850	950
中牟县	400	850	950
郑州市区	1 200	2 300	2 300
航空港区	100	200	300
上街区	400	600	700
合计	4 100	8 200	9 000

2. 矿井排水利用量

登封市、荥阳市、新密市、新郑市、上街区等有一定量的矿井排水被实际利用,这部分水量来自深层承压水。深层承压水的补给来源以浅层地下水的越流补给为主,在地下水可供水量中已经考虑过,所以不再重复计算这部分水量。

但是,上街区由于水资源短缺矛盾比较突出,多年来从巩义市新中煤矿引矿井排水量约1 000 万 m³,计入可供水量。

以上两项之和,即为其他水源可供水量,见表3-10。

表3-10 郑州市其他水源可供水量

行政分区	其他水源可供水量(万 m³)		
	2015 年	2020 年	2030 年
巩义市	400	850	950
登封市	400	850	950
荥阳市	400	850	950
新密市	400	850	950
新郑市	400	850	950
中牟县	400	850	950
郑州市区	1 200	2 300	2 300
航空港区	100	200	300
上街区	1 400	1 600	1 700
合计	5 100	9 200	10 000

(七) 全市总可供水量

以上引水指标、地表水可供水量、地下水可开采量等相加,计算得到各水平年合计可供水量,见表 3-11 ~ 表 3-13。

表 3-11　2015 年各行政区可供水量　　　　　(单位:万 m³)

行政分区	南水北调 (一期)	引黄 (干流)	引黄 (伊洛河)	当地地表水可利用量	地表水合计	地下水	其他水源	合计	现状年
巩义市		3 225	4 000	3 262	10 487	8 620	400	19 507	15 694
登封市				5 317	5 317	8 628	400	14 345	12 617
荥阳市	5 840	610		2 653	9 103	10 359	400	19 862	13 411
新密市				2 901	2 901	11 924	400	15 225	14 710
新郑市	5 000			1 897	6 897	12 705	400	20 002	14 651
中牟县	2 740	10 000		461	13 201	16 968	400	30 569	28 495
郑州市区	29 520	23 965		815	54 300	27 171	1 200	82 671	69 347
航空港区	9 400			86	9 486	3 000	100	12 586	1 800
上街区	1 500	1 200		15	2 715	625	1 400	4 740	3 000
全市	54 000	39 000	4 000	17 407	114 407	100 000	5 100	219 507	173 725
省定指标					123 700	100 430	5 100	229 230	

表 3-12　2020 年各行政区可供水量　　　　　(单位:万 m³)

行政分区	南水北调 (一期)	引黄 (干流)	引黄 (伊洛河)	当地地表水可利用量	地表水合计	地下水	其他水源	合计	现状年
巩义市		3 225	8 000	3 806	15 031	6 777	850	22 658	15 694
登封市				6 836	6 836	8 128	850	15 814	12 617
荥阳市	5 840	610	1 000	3 411	10 861	8 421	850	20 132	13 411
新密市				3 868	3 868	11 424	850	16 142	14 710
新郑市	5 000			2 214	7 214	11 280	850	19 344	14 651
中牟县	2 740	10 000		737	13 477	16 389	850	30 716	28 495
郑州市区	29 520	23 965	15 000	977	69 462	15 075	2 300	86 837	69 347
航空港区	9 400			144	9 544	3 000	200	12 744	1 800
上街区	1 500	1 200		24	2 724	506	1 600	4 830	3 000
全市	54 000	39 000	24 000	22 017	139 017	81 000	9 200	229 217	173 725
省定指标					153 840	81 970	9 200	245 010	

表3-13　2030年各行政区可供水量　　　（单位:万 m³）

行政分区	南水北调（二期）	引黄（干流）	引黄（伊洛河）	当地地表水可利用量	地表水合计	地下水	其他水源	合计	现状年
巩义市		3 225	8 000	4 350	15 575	6 777	950	23 302	15 694
登封市				6 836	6 836	7 928	950	15 714	12 617
荥阳市	9 928	610	1 000	3 411	14 949	5 380	950	21 279	13 411
新密市	3 200			3 868	7 068	9 924	950	17 942	14 710
新郑市	8 500			2 530	11 030	5 045	950	17 025	14 651
中牟县	6 658	10 000		1 106	17 764	14 373	950	33 087	28 495
郑州市区	50 184	23 965	15 000	1 222	90 371	8 333	2 300	101 004	69 347
航空港区	15 980			230	16 210	3 000	300	19 510	1 800
上街区	3 550	1 200		39	4 789	500	1 700	6 989	3 000
全 市	98 000	39 000	24 000	23 592	184 592	61 260	10 000	255 852	173 725
省定指标					185 370	79 970	10 000	275 340	

四、用水总量控制目标细化方案

（一）技术规定与依据

按照实现最严格水资源管理制度总体要求,郑州市用水总量目标分解必须符合河南省目标要求,不能超越开发利用控制红线,因此分解用水目标时应遵循以下规定:

（1）受河南省用水总量控制目标制约,各水平年全市用水总量指标不能超过河南省分解给郑州市的用水总量目标控制。

（2）以水定需,量水而行,因水制宜。用水指标受可供水源限制,应按照各区水源条件、规划年可供水能力,科学合理配置水量,以水资源的可持续利用支撑经济社会的可持续发展。

（3）公平公正、统筹协调。统筹兼顾各行政区的发展需要,在水源条件许可情况下,公平公正地细化用水总量控制目标。

（4）尊重现状、注重实用、便于管理。保障现有合法取水户的用水权益,遵守国家已经批准的水量分配方案;制订的方案要具体、明确,既易于操作,又方便管理。

（5）统筹协调,突出重点与全面规划相结合。水量分配要结合中原城市群与粮食生产核心区建设,同时不以牺牲农业和粮食、生态环境为代价,努力实现"三化"协调发展目标,合理调配用水指标。

（6）考虑各区域经济社会发展的确定性，以及一定程度的不可预测因素，各规划水平年预留少量用水指标，作为全市机动指标。

根据以上规定，郑州市用水总量目标分解主要依据河南省的用水总量控制目标，同时参考以下成果：①《郑州市水资源公报》，郑州市水务局 2001—2011 年；②《郑州市水资源综合规划》，郑州市水务局 2006 年。

（二）用水总量控制目标分解原则

以省分解到郑州市的用水总量控制目标为硬性约束条件，以《郑州市水资源综合规划》确定的水资源配置方案为依据，以可供水量为基础，确定各水平年的用水总量最低增长率、用水总量最高增长率，并与相关规划相协调、与用水效率相结合进行分解。

1. 2015 年各行政区用水总量的分解

2015 年各行政区可供水量与现状年用水量相比增长情况见表 3-14。

表 3-14　2015 年可供水量与现状年用水量相比增长情况

行政分区	2015 年可供水量（万 m³）	现状年用水量（万 m³）	可供水量比现状年增长（%）
巩义市	19 507	15 694	24.3
登封市	14 345	12 617	13.7
荥阳市	19 862	13 411	48.1
新密市	15 225	14 710	3.5
新郑市	20 002	14 651	36.5
中牟县	30 569	28 495	7.3
郑州市区	82 671	69 347	19.2
航空港区	12 586	1 800	599.2
上街区	4 740	3 000	58.0
全市	219 507	173 725	26.4

通过表 3-14 分析，除航空港区外，2015 年全市各行政区可供水量比现状年用水总量增加幅度最大的为 58.0%，最小的为 3.5%。综合考虑，除郑州市区用水量增加幅度比较大，航空港区作为国务院批准的综合实验区应重点支持不受比例限制外，为支持郑上新区建设，荥阳市、上街区增长幅度为 20% 左右。2015 年全市其他行政区用水总量与现状年的增长幅度控制在 7% ~ 15%，各行政区用水总量控制目标以可供水量为基础，增长幅度低于 7% 的予以上调，增长幅度超过 15% 的予以下调，并与用水效率相结合进行综合考虑予以确定。用水总量控制目标成果见表 3-15。

表 3-15　2015 年各行政区用水总量控制目标

行政分区	2015 年可供水量（万 m³）	现状年用水量（万 m³）	2015 年用水总量控制目标（万 m³）	2015 年控制目标比现状年增长（%）	可供水量 - 控制目标（万 m³）
巩义市	19 507	15 694	18 048	15.0	1 459
登封市	14 345	12 617	14 345	13.7	0
荥阳市	19 862	13 411	16 093	20.0	3 769
新密市	15 225	14 710	16 917	15.0	− 1 692
新郑市	20 002	14 651	16 849	15.0	3 153
中牟县	30 569	28 495	30 576	7.3	− 7
郑州市区	82 671	69 347	80 216	15.7	2 455
航空港区	12 586	1 800	12 586	599.2	0
上街区	4 740	3 000	3 600	20.0	1 140
全市	219 507	173 725	209 230	20.4	10 277
省定指标			229 230		
预留指标			20 000		

2. 2020 年各行政区用水总量的分解

2020 年可供水量与 2015 年用水总量控制目标相比增长情况见表 3-16。通过表中数据分析,省分配郑州市 2020 年用水总量指标比 2015 年增加 7%。除航空港区外,2020 年全市各行政区可供水量比 2015 年用水量控制目标增加幅度最大的为 34.2%,最小的为 − 4.6%(减少 4.6%)。综合考虑,航空港区为国务院批准的综合实验区,需额外在可供水量外增加 3 650 万 m³ 指标(每天 10 万 t)支持赵口入港区工程,不受比例限制,综合考虑增长比例设定为 27.3%。其他行政区根据水源条件等综合因素,增长比例设定在 3.9% ~ 7%。用水总量控制目标成果见表 3-17。

表 3-16　2020 年可供水量与 2015 年控制目标增长情况

行政分区	2020 年可供水量（万 m³）	2015 年用水总量控制目标（万 m³）	可供水量比 2015 年增长（%）
巩义市	22 658	18 048	25.5
登封市	15 814	14 345	10.2
荥阳市	20 132	16 093	25.1
新密市	16 142	16 917	− 4.6
新郑市	19 344	16 849	14.8
中牟县	30 716	30 576	0.5
郑州市区	86 837	80 216	8.3
航空港区	12 744	12 586	1.3
上街区	4 830	3 600	34.2
全市	229 217	209 230	9.6

表3-17　2020年各行政区用水总量控制目标

行政分区	2020年可供水量（万 m³）	2015年用水总量控制目标（万 m³）	2020年用水总量控制目标（万 m³）	2020年控制目标比2015年增长（%）	可供水量 –控制目标（万 m³）
巩义市	22 658	18 048	19 311	7.0	3 347
登封市	15 814	14 345	15 349	7.0	465
荥阳市	20 132	16 093	17 220	7.0	2 912
新密市	16 142	16 917	17 763	5.0	− 1 621
新郑市	19 344	16 849	18 028	7.0	1 316
中牟县	30 716	30 576	32 105	5.0	− 1 389
郑州市区	86 837	80 216	83 356	3.9	3 481
航空港区	12 744	12 586	16 026	27.3	− 3 282
上街区	4 830	3 600	3 852	7.0	978
全市	229 217	209 230	223 010	6.6	6 207
省定指标			245 010		
预留指标			22 000		

3. 2030年各行政区用水总量的分解

2030年可供水量与2020年用水总量控制目标相比增长情况见表3-18。

表3-18　2030年可供水量与2020年控制目标增长情况

行政分区	2030年可供水量（万 m³）	2020年用水总量控制目标（万 m³）	可供水量比2020年增长（%）
巩义市	23 302	19 311	20.7
登封市	15 714	15 349	2.4
荥阳市	21 279	17 220	23.6
新密市	17 942	17 763	1.0
新郑市	17 025	18 028	− 5.6
中牟县	33 087	32 105	3.1
郑州市区	101 004	83 356	21.2
航空港区	19 510	16 026	21.7
上街区	6 989	3 852	81.4
全市	255 852	223 010	14.7
省分配指标		245 010	12.4

通过表中数据分析,省分配郑州市 2030 年用水总量指标比 2020 年增加 12.4%。除航空港区外,2030 年全市各行政区可供水量比 2020 年用水量控制目标增加幅度最大的为 81.4%,最小的为 -5.6%。综合考虑,航空港区为国务院批准的综合实验区,在可供水量基础上额外增加 1 800 万 m³ 指标,不受比例限制;郑州市区增长比例设为 14.3%;其他行政区根据水源条件等综合因素具体确定,增长比例设定在 7% ~ 14%。各行政分区用水总量控制目标成果见表 3-19。

表 3-19　2030 年各行政区用水总量控制目标

行政分区	2030 年可供水量（万 m³）	2020 年控制目标（万 m³）	2030 年控制目标（万 m³）	2030 年控制目标比 2020 年增长（%）	可供水量 - 控制目标（万 m³）
巩义市	23 302	19 311	20 663	7.0	2 639
登封市	15 714	15 349	16 423	7.0	-709
荥阳市	21 279	17 220	19 631	14.0	1 648
新密市	17 942	17 763	19 006	7.0	236
新郑市	17 025	18 028	19 290	7.0	-2 265
中牟县	33 087	32 105	34 352	7.0	-1 265
郑州市区	101 004	83 356	95 273	14.3	5 731
航空港区	19 510	16 026	21 310	33.0	-1 800
上街区	6 989	3 852	4 392	14.0	2 597
全市	255 852	223 010	250 340	12.3	5 512
省定指标			275 340		
预留指标			25 000		

（三）地下水用水量控制目标的分解

地下水用水量控制目标的分解采用地下水可供水量分析成果,见表 3-8。

（四）其他水源用水量控制目标的分解

其他水源用水量控制目标的分解,采用其他水源可供水量分析成果,见表 3-10。

（五）地表水总量控制目标的分解

地表水用水量控制目标的分解,为用水总量控制目标减地下水用水量控制目标,再减去其他水源用水量控制目标。结果见表 3-20。

表 3-20　各行政区地表水用水量控制目标　　　　　　（单位：万 m³）

水平年	地表水用水量控制目标									
	巩义市	登封市	荥阳市	新密市	新郑市	中牟县	郑州市区	航空港区	上街区	全市
2015	9 028	5 317	5 334	4 593	3 744	13 208	51 845	9 486	1 575	104 130
2020	11 684	6 371	7 949	5 489	5 898	14 866	65 981	12 826	1 746	132 810
2030	12 936	7 545	13 301	8 132	13 295	19 029	84 640	18 010	2 192	179 080

五、全市用水总量控制目标

根据河南省确定的用水总量控制目标要求，结合郑州市现状用水情况及全市不同规划年可供水量，郑州全市用水总量控制目标分解结果如下。

2015 年：全市用水总量控制目标为 209 230 万 m³，按水源分类，其中地表水控制目标为 104 130 万 m³，地下水控制目标为 100 000 万 m³，其他水源控制目标为 5 100 万 m³。

2020 年：全市用水总量控制目标为 223 010 万 m³，按水源分类，其中地表水控制目标为 132 810 万 m³，地下水控制目标为 81 000 万 m³，其他水源控制目标为 9 200 万 m³。

2030 年：全市用水总量控制目标为 250 340 万 m³，按水源分类，其中地表水控制目标为 179 080 万 m³，地下水控制目标为 61 260 万 m³，其他水源控制目标为 10 000 万 m³。

郑州全市用水总量控制目标见表 3-21。

表 3-21　郑州全市用水总量控制目标　　　　　　（单位：万 m³）

保证率	水平年	地表水	地下水	其他水源	小计
多年平均	2015	104 130	100 000	5 100	209 230
	2020	132 810	81 000	9 200	223 010
	2030	179 080	61 260	10 000	250 340

六、各行政区用水总量控制目标细化方案

依据用水总量分解依据和原则，各行政区用水总量控制目标及各水平年用水总量控制指标详细分解方案如下。

（一）郑州市区用水总量控制目标分解方案

2015 年：郑州市区用水总量控制目标为 80 216 万 m³，按水源分类，其中

地表水为 51 845 万 m³,地下水为 27 171 万 m³,其他水源为 1 200 万 m³。

2020 年:郑州市区用水总量控制目标为 83 356 万 m³,按水源分类,其中地表水为 65 981 万 m³,地下水为 15 075 万 m³,其他水源为 2 300 万 m³。

2030 年:郑州市区用水总量控制目标为 95 273 万 m³,按水源分类,其中地表水为 84 640 万 m³,地下水为 8 333 万 m³,其他水源为 2 300 万 m³。

郑州市区用水总量控制目标见表 3-22。

表 3-22　郑州市区用水总量控制目标　　　　　　　　（单位:万 m³）

保证率	水平年	地表水	地下水	其他水源	小计
多年平均	2015	51 845	27 171	1 200	80 216
	2020	65 981	15 075	2 300	83 356
	2030	84 640	8 333	2 300	95 273

(二)新密市用水总量控制目标分解方案

2015 年:新密市用水总量控制目标为 16 917 万 m³,按水源分类,其中地表水为 4 593 万 m³,地下水为 11 924 万 m³,其他水源为 400 万 m³。

2020 年:新密市用水总量控制目标为 17 763 万 m³,按水源分类,其中地表水为 5 489 万 m³,地下水为 11 424 万 m³,其他水源为 850 万 m³。

2030 年:新密市用水总量控制目标为 19 006 万 m³,按水源分类,其中地表水为 8 132 万 m³,地下水为 9 924 万 m³,其他水源为 950 万 m³。

新密市用水总量控制目标见表 3-23。

表 3-23　新密市用水总量控制目标　　　　　　　　（单位:万 m³）

保证率	水平年	地表水	地下水	其他水源	小计
多年平均	2015	4 593	11 924	400	16 917
	2020	5 489	11 424	850	17 763
	2030	8 132	9 924	950	19 006

(三)新郑市用水总量控制目标分解方案

2015 年:新郑市用水总量控制目标为 16 849 万 m³,按水源分类,其中地表水为 3 744 万 m³,地下水为 12 705 万 m³,其他水源为 400 万 m³。

2020 年:新郑市用水总量控制目标为 18 028 万 m³,按水源分类,其中地表水为 5 898 万 m³,地下水为 11 280 万 m³,其他水源为 850 万 m³。

2030 年:新郑市用水总量控制目标为 19 290 万 m³,按水源分类,其中地表水为 13 295 万 m³,地下水为 5 045 万 m³,其他水源为 950 万 m³。

新郑市用水总量控制目标见表3-24。

表 3-24　新郑市用水总量控制目标　　　　　（单位:万 m³）

保证率	水平年	地表水	地下水	其他水源	小计
多年平均	2015	3 744	12 705	400	16 849
	2020	5 898	11 280	850	18 028
	2030	13 295	5 045	950	19 290

（四）荥阳市用水总量控制目标分解方案

2015 年:荥阳市用水总量控制目标为 16 093 万 m³,按水源分类,其中地表水为 5 334 万 m³,地下水为 10 359 万 m³,其他水源为 400 万 m³。

2020 年:荥阳市用水总量控制目标为 17 220 万 m³,按水源分类,其中地表水为 7 949 万 m³,地下水为 8 421 万 m³,其他水源为 850 万 m³。

2030 年:荥阳市用水总量控制目标为 19 631 万 m³,按水源分类,其中地表水为 13 301 万 m³,地下水为 5 380 万 m³,其他水源为 950 万 m³。

荥阳市用水总量控制目标见表3-25。

表 3-25　荥阳市用水总量控制目标　　　　　（单位:万 m³）

保证率	水平年	地表水	地下水	其他水源	小计
多年平均	2015	5 334	10 359	400	16 093
	2020	7 949	8 421	850	17 220
	2030	13 301	5 380	950	19 631

（五）登封市用水总量控制目标分解方案

2015 年:登封市用水总量控制目标为 14 345 万 m³,按水源分类,其中地表水为 5 317 万 m³,地下水为 8 628 万 m³,其他水源为 400 万 m³。

2020 年:登封市用水总量控制目标为 15 349 万 m³,按水源分类,其中地表水为 6 371 万 m³,地下水为 8 128 万 m³,其他水源为 850 万 m³。

2030 年:登封市用水总量控制目标为 16 423 万 m³,按水源分类,其中地表水为 7 545 万 m³,地下水为 7 928 万 m³,其他水源为 950 万 m³。

登封市用水总量控制目标见表3-26。

表 3-26　登封市用水总量控制目标　　　　　（单位:万 m³）

保证率	水平年	地表水	地下水	其他水源	小计
多年平均	2015	5 317	8 628	400	14 345
	2020	6 371	8 128	850	15 349
	2030	7 545	7 928	950	16 423

(六)中牟县用水总量控制目标分解方案

2015 年:中牟县用水总量控制目标为 30 576 万 m³,按水源分类,其中地表水为 13 208 万 m³,地下水为 16 968 万 m³,其他水源为 400 万 m³。

2020 年:中牟县用水总量控制目标为 32 105 万 m³,按水源分类,其中地表水为 14 866 万 m³,地下水为 16 389 万 m³,其他水源为 850 万 m³。

2030 年:中牟县用水总量控制目标为 34 352 万 m³,按水源分类,其中地表水为 19 029 万 m³,地下水为 14 373 万 m³,其他水源为 950 万 m³。

中牟县用水总量控制目标见表 3-27。

表 3-27　中牟县用水总量控制目标　　　　　（单位:万 m³）

保证率	水平年	地表水	地下水	其他水源	小计
多年平均	2015	13 208	16 968	400	30 576
	2020	14 866	16 389	850	32 105
	2030	19 029	14 373	950	34 352

(七)航空港区用水总量控制目标分解方案

2015 年:航空港区用水总量控制目标为 12 586 万 m³,按水源分类,其中地表水为 9 486 万 m³,地下水为 3 000 万 m³,其他水源为 100 万 m³。

2020 年:航空港区用水总量控制目标为 16 026 万 m³,按水源分类,其中地表水为 12 826 万 m³,地下水为 3 000 万 m³,其他水源为 200 万 m³。

2030 年:航空港区用水总量控制目标为 21 310 万 m³,按水源分类,其中地表水为 18 010 万 m³,地下水为 3 000 万 m³,其他水源为 300 万 m³。

航空港区用水总量控制目标见表 3-28。

表 3-28　航空港区用水总量控制目标　　　　　（单位:万 m³）

保证率	水平年	地表水	地下水	其他水源	小计
多年平均	2015	9 486	3 000	100	12 586
	2020	12 826	3 000	200	16 026
	2030	18 010	3 000	300	21 310

(八)上街区用水总量控制目标分解方案

2015 年:上街区用水总量控制目标为 3 600 万 m³,按水源分类,其中地表水为 1 575 万 m³,地下水为 625 万 m³,其他水源为 1 400 万 m³。

2020 年:上街区用水总量控制目标为 3 852 万 m³,按水源分类,其中地表水为 1 746 万 m³,地下水为 506 万 m³,其他水源为 1 600 万 m³。

2030 年:上街区用水总量控制目标为 4 392 万 m³,按水源分类,其中地表水为 2 192 万 m³,地下水为 500 万 m³,其他水源为 1 700 万 m³。

上街区用水总量控制目标见表3-29。

表 3-29　上街区用水总量控制目标　　　　　　(单位:万 m³)

保证率	水平年	地表水	地下水	其他水源	小计
多年平均	2015	1 575	625	1 400	3 600
	2020	1 746	506	1 600	3 852
	2030	2 192	500	1 700	4 392

(九)巩义市用水总量控制目标分解方案

2015 年:巩义市用水总量控制目标为 18 048 万 m³,按水源分类,其中地表水为 9 028 万 m³,地下水为 8 620 万 m³,其他水源为 400 万 m³。

2020 年:巩义市用水总量控制目标为 19 311 万 m³,按水源分类,其中地表水为 11 684 万 m³,地下水为 6 777 万 m³,其他水源为 850 万 m³。

2030 年:巩义市用水总量控制目标为 20 663 万 m³,按水源分类,其中地表水为 12 936 万 m³,地下水为 6 777 万 m³,其他水源为 950 万 m³。

巩义市用水总量控制目标见表3-30。

表 3-30　巩义市用水总量控制目标　　　　　　(单位:万 m³)

保证率	水平年	地表水	地下水	其他水源	小计
多年平均	2015	9 028	8 620	400	18 048
	2020	11 684	6 777	850	19 311
	2030	12 936	6 777	950	20 663

第三节　用水效率控制指标

用水效率红线是加强用水环节管理的重要途径,是实现水资源需求管理的重要手段。水资源开发利用红线和水功能区限制纳污红线为宏观的总量约束指标,强调管制和目标导向,用水效率红线则为实现前两条红线目标提供了具体的、可操作的控制和实现手段。通过制定用水效率红线,提高水资源利用效率,最大程度地满足经济社会发展用水需求,进而缓解新增水资源供给的压力,为实现水资源开发利用红线和水功能区限制纳污红线目标提供保障。

一、河南省对郑州市下达的用水效率控制目标

纳入管理与考核的用水效率目标有两项,即农业灌溉用水有效利用系数和万元工业增加值用水量下降幅度。

根据水利部与流域机构要求,河南省制定了用水效率控制目标,2010 年河南省农业灌溉用水有效利用系数平均值为 0.57,万元工业增加值用水量为 46 m³/万元;2015 年全省农业灌溉用水有效利用系数达到 0.60 以上,万元工业增加值用水量比现状 2010 年下降 35%。省对用水效率控制目标逐级分解到市,其中对郑州市用水效率控制目标分解见表 3-31。为了更好地完成省下达给郑州市的用水效率目标控制任务,结合各行政区农田灌溉模式、现状用水水平和发展规划及各行政区现状万元工业增加值用水实际情况,其中 2015 年农业灌溉用水有效利用系数全市预留 0.002,达到 0.654;万元工业增加值用水量下降幅度全市预留下降 2% 的空间,达到 34%。

表 3-31　省分配郑州市用水效率控制指标

水平年		农业灌溉用水有效利用系数	万元工业增加值用水量(m³/万元)	万元工业增加值用水量下降幅度
2010		0.615	27.4	
2015	省分配指标	0.652	18.7	32%
	郑州市控制指标	0.654	18.1	34%
	预留指标	0.002	0.6	2%

二、郑州市用水效率指标现状

(一)用水效率指标计算方法

1. 灌溉水有效利用系数计算方法

郑州市现状年灌溉水有效利用系数采用面积加权法计算。计算方法是:通过对不同类型、不同规模的灌区面积进行调研分析,分析论证后得到灌区分类平均灌溉水利用系数,用灌区分类平均灌溉水利用系数乘以有效灌溉面积进行加权计算。

计算公式为

$$\bar{x} = \frac{x_1 f_1 + x_2 f_2 + \cdots + x_k f_k}{f_1 + f_2 + \cdots + f_k} \tag{3-1}$$

式中,x_1、x_2、$\cdots$、x_k 表示不同类型、不同规模灌区的平均灌溉水利用系数;f_1、f_2、$\cdots$、f_k 表示不同类型、不同规模灌区相对应的有效灌溉面积。郑州市不同类型、不同规模的灌区有效灌溉面积采用《郑州市水利普查》有关数据;平均灌溉水利用系数采用《河南省农业灌溉水有效利用系数测算分析成果》(报告已通过评审,上报水利部),见表3-32。

表3-32 2010年河南省省辖市灌溉水有效利用系数测算成果

行政区	纯井灌	喷灌	滴灌	渠灌			
				30万亩以上灌区	5万~30万亩灌区	1万~5万亩灌区	小型
郑州市	0.660	0.833	0.875	0.443	0.434	0.470	0.553

《河南省农业灌溉水有效利用系数测算分析成果》中30万亩以上灌区平均灌溉水利用系数为0.443,5万~30万亩灌区平均灌溉水利用系数为0.434,数据不尽合理。一般情况下灌区面积越小,平均灌溉水利用系数越大,因此我们采用30万亩以上灌区和1万~5万亩灌区平均灌溉水利用系数平均值0.457作为5万~30万亩灌区平均灌溉水利用系数。《河南省农业灌溉水有效利用系数测算分析成果》未包含低压管道灌溉水利用系数,根据北京工业大学建筑工程学院梁春玲《低压管道输水节水灌溉技术发展综述》实际观测,低压管道灌溉比混凝土板衬砌渠道灌溉节水7%,比石砌石防渗渠道节水15%左右。鉴于郑州市纯井灌溉为混凝土板衬砌、石砌石防渗渠和未衬砌的垄沟,郑州市低压管道灌溉水利用系数按照该实测数据节水平均值计算,计算结果为0.708,为了使现状年郑州市和河南省下达的灌溉水有效利用系数相吻合,低压管道灌溉水利用系数确定为0.705,见表3-33。

表3-33 郑州市2010年不同类型、不同规模灌溉水利用系数测算成果

行政区	纯井灌	低压管道灌溉	喷灌	滴灌	渠灌			
					30万亩以上灌区	5万~30万亩灌区	1万~5万亩灌区	小型
郑州市	0.660	0.705	0.833	0.875	0.443	0.457	0.470	0.553

2. 万元工业增加值用水量计算方法

万元工业增加值用水量计算公式:

万元工业增加值用水量 = 工业用水总量(m^3)/工业增加值(万元) (3-2)

其中, $W = \sum X_i$ ($i = 1, 2, \cdots$) 或 $W = \sum Y_i$ ($i = 1, 2, \cdots$)

式中,W 表示工业用水总量,m^3;X_i 表示不同工业行业用水量,m^3;Y_i 表示不同

工业企业用水量,m^3。

注:(1)工业企业用水量包括企业生产区的生产用水量和生产区的生活用水量。

(2)工业增加值以郑州市统计局发布的《郑州市统计年鉴》中数据为准。

(二)全市用水效率指标现状

经计算,全市灌溉水有效利用系数为 0.615,各行政分区灌溉水有效利用系数差别较大。主要影响因素是灌区规模,规模越大灌溉水有效利用系数越低。全市灌溉水有效利用系数最高的是新郑市,为 0.684;最低的是中牟县,为 0.459;航空港区无资料,采用新郑市计算结果。郑州市 2010 现状年灌溉水有效利用系数计算成果见表 3-34、图 3-2。

表 3-34 郑州市 2010 现状年灌溉水有效利用系数计算成果

| 行政分区 | 总灌溉面积（万亩） | 纯井灌面积（万亩） | 低压管道灌溉面积（万亩） | 喷灌面积（万亩） | 滴灌面积（万亩） | 渠灌面积（万亩） | | | | 分区灌溉水有效利用系数 |
						30 万亩以上灌区	5 万～30 万亩灌区	1 万～5 万亩灌区	小型灌区	
新密市	21.216 6	4.012 5	2.162 7	0.096 0				3.600 0	1.736 0	7.688 1	0.568
新郑市	56.476 0	18.950 5	33.252 5						0.500 0	1.230 0	0.684
荥阳市	45.442 8	28.330 6	24.712 8	0.025 0				4.240 3	3.400 0	0.929 1	0.652
登封市	15.441 4	1.665 1	3.134 5	0.186 4	0.092 5				6.890 0	5.647 0	0.562
中牟县	89.384 9	1.881 7			0.050 0	22.010 0	21.030 0				0.459
郑州市区	41.491 4	20.559 3	8.648 5						0.781 0		0.668
航空港区											0.684
上街区	2.945 4	1.828 1	1.740 1								0.682
巩义市	25.132 0	13.685 7	6.698 5	0.474 0	0.110 0				0.600 0	2.094 6	0.663
全市	297.530 5	90.913 5	80.349 6	0.781 4	0.252 5	22.010 0	28.870 3	13.907 0	17.588 8	0.615
灌溉水利用系数	0.660	0.705	0.833	0.875	0.443	0.457	0.470	0.553	

注:1. 有效灌溉面积采用《郑州市水利普查》,平均灌溉水利用系数采用《河南省农业灌溉水有效利用系数测算分析成果》。

2. 渠道灌溉、纯井灌溉、低压管道灌溉面积及喷灌和滴灌之和小于总灌溉面积,是由于零星分布的井灌、池塘灌溉没有统计数据,鉴于灌溉水利用系数主要是考核上规模的灌区,忽略该数据不影响灌溉水利用系数的计算和考核。

现状年郑州全市工业增加值为 1 996.02 亿元,工业用水量为 5.476 亿 m^3,万元工业增加值用水指标为 27.4 m^3/万元,各行政分区万元工业增加值用水量基本平衡,最小的是登封市,为 23.0 m^3/万元;最大的是荥阳市和上街

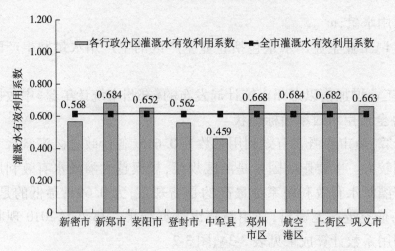

图 3-2　2010 年郑州市各行政分区灌溉水有效利用系数分布

区,为 31.1 m³/万元;航空港区无资料。万元工业增加值用水量采用郑州市区计算结果见表 3-35、图 3-3。

表 3-35　2010 年郑州市万元工业增加值用水指标

行政分区	工业增加值 (亿元)	工业用水量 (亿 m³)	万元工业增加值用水量 (m³/万元)
新密市	277.60	0.699 6	25.2
新郑市	275.57	0.764 7	27.7
荥阳市	271.52	0.843 9	31.1
登封市	240.29	0.552 1	23.0
中牟县	136.19	0.376 4	27.6
郑州市区	415.90	1.095 4	26.3
航空港区			26.3
上街区	63.82	0.198 5	31.1
巩义市	315.13	0.945 4	30.0
全市	1 996.02	5.476	27.4

注:各县(市、区)工业用水量采用 2010 年河南省水资源公报数据。工业增加值含火电。

三、用水效率控制目标细化方案

(一)用水效率控制目标分解依据和原则

1. 分解依据

郑州市规划年用水效率目标是依据河南省分解的用水效率控制目标,同时参考《郑州市国民经济和社会发展第十二个五年规划纲要》,以及《郑州市节水型社会建设"十二五"规划》等成果。

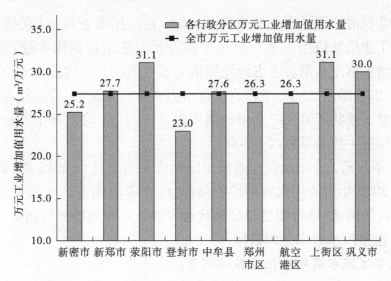

图 3-3　2010 年郑州市各行政分区万元工业增加值用水量图

2. 分解原则

（1）农业灌溉水有效利用系数分解原则。

农业灌溉水有效利用系数指标分解遵循以下两个原则：①任务均摊原则。以郑州市 2015 年农业灌溉水有效利用系数控制指标（0.654）为硬性约束条件，结合各行政分区农田灌溉模式、现状用水水平和发展规划，在现状年的基础上按照提升幅度均摊到各行政分区。②挖潜原则。增加挖潜系数（离均差），挖潜系数＝（现状年各行政分区灌溉水有效利用系数－全市平均灌溉水有效利用系数）/全市平均灌溉水有效利用系数。考虑到挖掘潜力较大的在 5 年内达到平均值的困难性，计算中以挖潜系数的一半作为挖掘潜力。计算方法为：目标年农业灌溉水有效利用系数＝现状年农业灌溉水有效利用系数 ×［1＋（农业灌溉水有效利用系数提升幅度－挖潜系数/2）/100］。

2020 年灌溉水利用系数目标的控制是以《国务院关于实行最严格水资源管理制度的意见》（国发〔2012〕3 号）规定的上升 0.02（2015 年为 0.53，2020 年为 0.55）为依据，确定郑州市农业灌溉用水有效利用系数在 2015 年的基础上上升 0.02，达到 0.674。

（2）万元工业增加值用水量下降幅度指标分解原则。

万元工业增加值用水量下降幅度指标分解按照以下两个原则执行：①任务均摊原则。以郑州市 2015 年万元工业增加值用水量下降幅度控制目标 34% 为硬性约束条件，结合各行政分区现状 2010 年万元工业增加值用水实际情况，在现状年的基础上将控制目标下降幅度 34% 作为各行政分区的均摊下降幅度。②挖潜原则。增加挖潜系数(离均差),挖潜系数 =(现状年各行政分区万元工业增加值用水量 - 全市平均万元工业增加值用水量)/全市平均万元工业增加值用水量。考虑到挖掘潜力较大的在 5 年内达到平均值的困难性,计算中以挖潜系数的一半作为挖掘潜力。计算方法为:目标年万元工业增加值用水量 = 现状年万元工业增加值用水量 ×[1 -(均摊万元工业增加值用水量下降幅度 + 挖潜系数/2)/100]。

2020 年万元工业增加值用水量下降幅度在省下达的 2015 年的基础上下降 50% 。2020 年后的用水效率控制目标,综合考虑国家产业政策、区域发展布局和物价等因素,结合国民经济和社会发展五年规划等另行制定。

(二)全市用水效率控制目标

1. 农业灌溉水有效利用系数控制目标

根据郑州市各行政分区农田灌溉模式,结合农田用水现状水平和发展规划,规划 2015 年和 2020 年全市农业灌溉水有效利用系数分别达到 0.654、0.674。新郑市、荥阳市、郑州市区、航空港区、上街区和巩义市以井灌为主,现状灌溉水利用系数较高,规划 2015 年农业灌溉水有效利用系数达到 0.674 ~ 0.689;规划 2020 年农业灌溉水有效利用系数达到 0.694 ~ 0.710。新密市、登封市和中牟县 3 市(县)是以井渠结合为主,现状灌溉水利用系数不太高,规划 2015 年农业灌溉水有效利用系数为 0.546 ~ 0.626,规划 2020 年农业灌溉水有效利用系数达到 0.563 ~ 0.645。不同规划年全市农业灌溉水有效利用系数控制目标见表 3-36、图 3-4。

表 3-36　不同规划年全市农业灌溉水有效利用系数控制目标

行政分区	2010 年灌溉水利用系数	挖潜系数(%)	2015 年目标		2020 年目标	
			均摊提升幅度(%)	灌溉水有效利用系数	均摊提升幅度(%)	灌溉水有效利用系数
新密市	0.568	- 7.64	6.340	0.626	3.07	0.645
新郑市	0.684	11.22	6.340	0.689	3.07	0.710
荥阳市	0.652	6.02	6.340	0.674	3.07	0.694
登封市	0.562	- 8.62	6.340	0.622	3.07	0.641
中牟县	0.459	- 25.37	6.340	0.546	3.07	0.563
郑州市区	0.668	8.62	6.340	0.682	3.07	0.702
航空港区	0.684	11.22	6.340	0.689	3.07	0.710
上街区	0.682	10.89	6.340	0.688	3.07	0.709
巩义市	0.663	7.80	6.340	0.679	3.07	0.700
全市	0.615	0.00	6.340	0.654	3.07	0.674
省定指标	0.615			0.652		
预留指标				0.002		

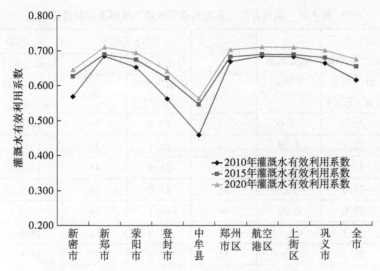

图 3-4　郑州市不同规划年农业灌溉水有效利用系数对比图

2. 万元工业增加值用水量下降幅度控制目标

郑州市制定的用水效率控制目标要求 2015 年全市万元工业增加值用水量比现状 2010 年下降 34%。2015 年郑州市万元工业增加值用水量减少到 18.1 m^3/万元。

根据工业用水调查,2010 年郑州市万元工业增加值用水量平均为 27.4 m^3/万元,根据郑州市制定的用水效率控制目标,结合各行政分区现状用水水平,全市 2015 年、2020 年万元工业增加值用水量下降幅度目标分解结果为:荥阳市、巩义市和上街区现状万元工业增加值用水量较大,分别为 31.1 m^3/万元、30.0 m^3/万元、31.1 m^3/万元,大于全市平均值 27.4 m^3/万元,2015 年万元工业增加值用水量均为 18.4 m^3/万元,下降幅度控制目标分别为 41%、39% 和 41%;新郑市和中牟县现状万元工业增加值用水量接近于全市平均值 27.4 m^3/万元,下降幅度控制目标分别为 35% 和 34%;新密市、登封市、郑州市区和航空港区现状万元工业增加值用水量低于全市平均值 27.4 m^3/万元,下降幅度控制目标定为 26% ~ 32%。2020 年全市万元工业增加值用水量为 15.0 m^3/万元,下降幅度控制目标为 17%。

各行政分区不同规划年万元工业增加值用水量下降幅度目标分解结果见表 3-37、图 3-5。

3. 全市用水效率控制目标

郑州全市用水效率控制目标见表 3-38。全市 2015 年农业灌溉水有效利用系数为 0.654,万元工业增加值用水量为 18.1 m^3/万元,万元工业增加值用

表 3-37　全市万元工业增加值用水量下降幅度控制目标

行政分区	2010 年万元工业增加值用水量（m³/万元）	挖潜系数（%）	均摊下降幅度（%）	2015 年目标		2020 年目标	
				万元工业增加值用水量（m³/万元）	下降幅度（%）	万元工业增加值用水量（m³/万元）	下降幅度（%）
新密市	25.2	−8.03	34	17.6	30	14.6	17
新郑市	27.7	1.28	34	18.1	35	15.1	17
荥阳市	31.1	13.43	34	18.4	41	15.3	17
登封市	23.0	−16.14	34	17.0	26	14.1	17
中牟县	27.6	0.87	34	18.1	34	15.0	17
郑州市区	26.3	−4.01	34	17.9	32	14.8	17
航空港区	26.3	−4.01	34	17.9	32	14.8	17
上街区	31.1	13.50	34	18.4	41	15.3	17
巩义市	30.0	9.49	34	18.4	39	15.3	17
全市	27.4	0.00	34	18.1	34	15.0	17
省定指标	27.4			18.7	32		
预留指标				0.6	2		

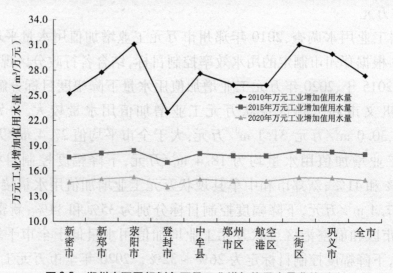

图 3-5　郑州市不同规划年万元工业增加值用水量曲线对比

水量下降幅度为 34%。其中,除新密市、登封市和中牟县农业灌溉水有效利用系数低于全市平均值 0.654 外,其余各行政分区农业灌溉水有效利用系数均高于全市平均值;全市万元工业增加值用水量下降幅度最大的是荥阳市和上街区,下降幅度控制目标达 41%,最小的是登封市,下降幅度控制目标为 26%。

表3-38 全市用水效率控制目标

行政分区	灌溉水有效利用系数				万元工业增加值用水量下降幅度控制目标						
	现状2010年	2015年目标	2020年目标	灌溉模式	现状2010年			2015年工业用水目标		2020年工业用水目标	
					工业增加值（亿元）	工业用水量（亿m³）	万元工业增加值用水量（m³/万元）	万元工业增加值用水量（m³/万元）	下降幅度（%）	万元工业增加值用水量（m³/万元）	下降幅度（%）
新密市	0.568	0.626	0.645	井渠结合	277.60	0.699 6	25.2	17.6	30	14.6	17
新郑市	0.684	0.689	0.710	井灌为主	275.57	0.764 7	27.7	18.1	35	15.1	17
荥阳市	0.652	0.674	0.694	井灌为主	271.52	0.843 9	31.1	18.4	41	15.3	17
登封市	0.562	0.622	0.641	井渠结合	240.29	0.552 1	23.0	17.0	26	14.1	17
中牟县	0.459	0.546	0.563	井渠结合	136.19	0.376 4	27.6	18.1	34	15.0	17
郑州市区	0.668	0.682	0.702	井灌为主	415.90	1.095 4	26.3	17.9	32	14.8	17
航空港区	0.684	0.689	0.710	井灌为主			26.3	17.9	32	14.8	17
上街区	0.682	0.688	0.709	井灌为主	63.82	0.198 5	31.1	18.4	41	15.3	17
巩义市	0.663	0.679	0.700	井灌为主	315.13	0.945 4	30.0	18.4	39	15.3	17
全市合计	0.615	0.654	0.674		1 996.02	5.476	27.4	18.1	34	15.0	17

四、各行政分区用水效率控制目标分解方案

根据用水效率分解依据和原则,各行政分区用水效率控制目标及各水平年用水效率控制指标详细分解方案如下所示。

(一)郑州市区用水效率控制目标分解方案

郑州市区灌溉模式以井灌为主,通过加权计算,现状 2010 年农业灌溉水有效利用系数为 0.668,2015 年农业灌溉水有效利用系数控制目标为 0.682,2020 年农业灌溉水有效利用系数控制目标应达 0.702,见表 3-39。

表 3-39　2015 年、2020 年郑州市区农业灌溉水有效利用系数控制目标

行政分区	灌溉水有效利用系数			灌溉模式
	现状 2010 年	2015 年目标	2020 年目标	
郑州市区	0.668	0.682	0.702	井灌为主

现状 2010 年工业增加值为 415.90 亿元,工业用水量为 1.095 4 亿 m³,万元工业增加值用水量为 26.3 m³/万元。2015 年万元工业增加值用水量下降幅度控制目标为下降 32%;2020 年在 2015 年的基础上,万元工业增加值用水量下降幅度控制目标为下降 17%。郑州市区 2015 年、2020 年万元工业增加值用水量下降幅度控制目标见表 3-40。

表 3-40　郑州市区 2015 年、2020 年万元工业增加值用水量下降幅度控制目标

行政分区	现状 2010 年			2015 年工业用水目标		2020 年工业用水目标	
	工业增加值 (亿元)	工业 用水量 (亿 m³)	万元工业增 加值用水量 (m³/万元)	万元工业增 加值用水量 (m³/万元)	下降幅度 (%)	万元工业增 加值用水量 (m³/万元)	下降幅度 (%)
郑州市区	415.90	1.095 4	26.3	17.9	32	14.8	17

(二)新密市用水效率控制目标分解方案

新密市灌溉模式主要为井渠结合,通过加权计算,现状 2010 年农业灌溉水有效利用系数为 0.568,2015 年农业灌溉水有效利用系数控制目标为 0.626,2020 年农业灌溉水有效利用系数控制目标应达 0.645,见表 3-41。

现状 2010 年工业增加值为 277.60 亿元,工业用水量为 0.699 6 亿 m³,万元工业增加值用水量为 25.2 m³/万元。2015 年万元工业增加值用水量下降幅度控制目标为下降 30%;2020 年在 2015 年的基础上,万元工业增加值用水量下降幅度控制目标为下降 17%。新密市 2015年、2020年万元工业增加值

表 3-41 2015 年、2020 年新密市农业灌溉水有效利用系数控制目标

行政分区	灌溉水有效利用系数			灌溉模式
	现状 2010 年	2015 年目标	2020 年目标	
新密市	0.568	0.626	0.645	井渠结合

用水量下降幅度控制目标见表 3-42。

表 3-42 新密市 2015 年、2020 年万元工业增加值用水量下降幅度控制目标

行政分区	现状 2010 年			2015 年工业用水目标		2020 年工业用水目标	
	工业增加值（亿元）	工业用水量（亿 m³）	万元工业增加值用水量（m³/万元）	万元工业增加值用水量（m³/万元）	下降幅度（%）	万元工业增加值用水量（m³/万元）	下降幅度（%）
新密市	277.60	0.699 6	25.2	17.6	30	14.6	17

（三）新郑市用水效率控制目标分解方案

新郑市灌溉模式以井灌为主,经计算,现状 2010 年农业灌溉水有效利用系数为 0.684,2015 年农业灌溉水有效利用系数控制目标为 0.689,2020 年农业灌溉水有效利用系数控制目标应达 0.710,见表 3-43。

表 3-43 2015 年、2020 年新郑市农业灌溉水有效利用系数控制目标

行政分区	灌溉水有效利用系数			灌溉模式
	现状 2010 年	2015 年目标	2020 年目标	
新郑市	0.684	0.689	0.710	井灌为主

现状 2010 年工业增加值为 275.57 亿元,工业用水量为 0.764 7 亿 m³,万元工业增加值用水量为 27.7 m³/万元。2015 年万元工业增加值用水量下降幅度控制目标为下降 35%;2020 年在 2015 年的基础上,万元工业增加值用水量下降幅度控制目标为下降 17%。新郑市 2015 年、2020 年万元工业增加值用水量下降幅度控制目标见表 3-44。

表 3-44 新郑市 2015 年、2020 年万元工业增加值用水量下降幅度控制目标

行政分区	现状 2010 年			2015 年工业用水目标		2020 年工业用水目标	
	工业增加值（亿元）	工业用水量（亿 m³）	万元工业增加值用水量（m³/万元）	万元工业增加值用水量（m³/万元）	下降幅度（%）	万元工业增加值用水量（m³/万元）	下降幅度（%）
新郑市	275.57	0.764 7	27.7	18.1	35	15.1	17

（四）荥阳市用水效率控制目标分解方案

荥阳市灌溉模式以井灌为主,通过加权计算,现状 2010 年农业灌溉水有效利用系数为 0.652,2015 年农业灌溉水有效利用系数控制目标为 0.674,2020 年农业灌溉水有效利用系数控制目标应达到 0.694,见表 3-45。

表 3-45　2015 年、2020 年荥阳市农业灌溉水有效利用系数控制目标

行政分区	灌溉水有效利用系数			灌溉模式
	现状 2010 年	2015 年目标	2020 年目标	
荥阳市	0.652	0.674	0.694	井灌为主

现状 2010 年工业增加值为 271.52 亿元,工业用水量为 0.843 9 亿 m^3,万元工业增加值用水量为 31.1 m^3/万元。2015 年万元工业增加值用水量下降幅度控制目标为下降 41%;2020 年在 2015 年的基础上,万元工业增加值用水量下降幅度控制目标为下降 17%。荥阳市 2015 年、2020 年万元工业增加值用水量下降幅度控制目标见表 3-46。

表 3-46　荥阳市 2015 年、2020 年万元工业增加值用水量下降幅度控制目标

行政分区	现状 2010 年			2015 年工业用水目标		2020 年工业用水目标	
	工业增加值（亿元）	工业用水量（亿 m^3）	万元工业增加值用水量（m^3/万元）	万元工业增加值用水量（m^3/万元）	下降幅度（%）	万元工业增加值用水量（m^3/万元）	下降幅度（%）
荥阳市	271.52	0.843 9	31.1	18.4	41	15.3	17

（五）登封市用水效率控制目标分解方案

登封市灌溉模式主要为井渠结合,经计算,现状 2010 年农业灌溉水有效利用系数为 0.562,2015 年农业灌溉水有效利用系数控制目标为 0.622,2020 年农业灌溉水有效利用系数控制目标应达到 0.641,见表 3-47。

表 3-47　2015 年、2020 年登封市农业灌溉水有效利用系数控制目标

行政分区	灌溉水有效利用系数			灌溉模式
	现状 2010 年	2015 年目标	2020 年目标	
登封市	0.562	0.622	0.641	井渠结合

现状 2010 年工业增加值为 240.29 亿元,工业用水量为 0.552 1 亿 m^3,万元工业增加值用水量为 23.0 m^3/万元。2015 年万元工业增加值用水量下降幅度控制目标为下降 26%;2020 年在 2015 年的基础上,万元工业增加值用水

量下降幅度控制目标为下降 17%。登封市 2015 年、2020 年万元工业增加值用水量下降幅度控制目标见表 3-48。

表 3-48　登封市 2015 年、2020 年万元工业增加值用水量下降幅度控制目标

行政分区	现状 2010 年			2015 年工业用水目标		2020 年工业用水目标	
	工业增加值（亿元）	工业用水量（亿 m³）	万元工业增加值用水量（m³/万元）	万元工业增加值用水量（m³/万元）	下降幅度（%）	万元工业增加值用水量（m³/万元）	下降幅度（%）
登封市	240.29	0.552 1	23.0	17.0	26	14.1	17

（六）中牟县用水效率控制目标分解方案

中牟县灌溉模式主要为井渠结合,经计算,现状 2010 年农业灌溉水有效利用系数为 0.459,2015 年农业灌溉水有效利用系数控制目标为 0.546,2020 年农业灌溉水有效利用系数控制目标为 0.563,见表 3-49。

表 3-49　2015 年、2020 年中牟县农业灌溉水有效利用系数控制目标

行政分区	灌溉水有效利用系数			灌溉模式
	现状 2010 年	2015 年目标	2020 年目标	
中牟县	0.459	0.546	0.563	井渠结合

现状 2010 年工业增加值为 136.19 亿元,工业用水量为 0.376 4 亿 m³,万元工业增加值用水量为 27.6 m³/万元。2015 年万元工业增加值用水量下降幅度控制目标为下降 34%;2020 年在 2015 年的基础上,万元工业增加值用水量下降幅度控制目标为下降 17%。中牟县 2015 年、2020 年万元工业增加值用水量下降幅度控制目标见表 3-50。

表 3-50　中牟县 2015 年、2020 年万元工业增加值用水量下降幅度控制目标

行政分区	现状 2010 年			2015 年工业用水目标		2020 年工业用水目标	
	工业增加值（亿元）	工业用水量（亿 m³）	万元工业增加值用水量（m³/万元）	万元工业增加值用水量（m³/万元）	下降幅度（%）	万元工业增加值用水量（m³/万元）	下降幅度（%）
中牟县	136.19	0.376 4	27.6	18.1	34	15.0	17

（七）航空港区用水效率控制目标分解方案

航空港区灌溉模式以井灌为主,现状 2010 年农业灌溉水有效利用系数为 0.684,2015 年农业灌溉水有效利用系数控制目标为 0.689,2020 年农业灌溉

水有效利用系数控制目标为 0.710,见表 3-51。

表 3-51 2015 年、2020 年航空港区农业灌溉水有效利用系数控制目标

行政分区	灌溉水有效利用系数			灌溉模式
	现状 2010 年	2015 年目标	2020 年目标	
航空港区	0.684	0.689	0.710	井灌为主

现状万元工业增加值用水量为 26.3 m³/万元。2015 年万元工业增加值用水量下降幅度控制目标为下降 32%;2020 年在 2015 年的基础上,万元工业增加值用水量下降幅度控制目标为下降 17%。航空港区 2015 年、2020 年万元工业增加值用水量下降幅度控制目标见表 3-52。

表 3-52 航空港区 2015 年、2020 年万元工业增加值用水量下降幅度控制目标

行政分区	现状 2010 年			2015 年工业用水目标		2020 年工业用水目标	
	工业增加值(亿元)	工业用水量(亿 m³)	万元工业增加值用水量(m³/万元)	万元工业增加值用水量(m³/万元)	下降幅度(%)	万元工业增加值用水量(m³/万元)	下降幅度(%)
航空港区			26.3	17.9	32	14.8	17

(八)上街区用水效率控制目标分解方案

上街区灌溉模式以井灌为主,经计算,现状 2010 年农业灌溉水有效利用系数为 0.682,2015 年农业灌溉水有效利用系数控制目标为 0.688,2020 年农业灌溉水有效利用系数控制目标为 0.709,见表 3-53。

表 3-53 2015 年、2020 年上街区农业灌溉水有效利用系数控制目标

行政分区	灌溉水有效利用系数			灌溉模式
	现状 2010 年	2015 年目标	2020 年目标	
上街区	0.682	0.688	0.709	井灌为主

现状 2010 年工业增加值为 63.82 亿元,工业用水量为 0.198 5 亿 m³,万元工业增加值用水量为 31.1 m³/万元。2015 年万元工业增加值用水量下降幅度控制目标为下降 41%;2020 年在 2015 年的基础上,万元工业增加值用水量下降幅度控制目标为下降 17%。上街区 2015 年、2020 年万元工业增加值用水量下降幅度控制目标见表 3-54。

表 3-54 上街区 2015 年、2020 年万元工业增加值用水量下降幅度控制目标

行政分区	现状 2010 年			2015 年工业用水目标		2020 年工业用水目标	
	工业增加值 (亿元)	工业 用水量 (亿 m³)	万元工业增 加值用水量 (m³/万元)	万元工业增 加值用水量 (m³/万元)	下降幅度 (%)	万元工业增 加值用水量 (m³/万元)	下降幅度 (%)
上街区	63.82	0.198 5	31.1	18.4	41	15.3	17

(九)巩义市用水效率控制目标分解方案

巩义市灌溉模式以井灌为主,经计算,现状 2010 年农业灌溉水有效利用系数为 0.663,2015 年农业灌溉水有效利用系数控制目标为 0.679,2020 年农业灌溉水有效利用系数控制目标为 0.700,见表 3-55。

表 3-55 2015 年、2020 年巩义市农业灌溉水有效利用系数控制目标

行政分区	灌溉水有效利用系数			灌溉模式
	现状 2010 年	2015 年目标	2020 年目标	
巩义市	0.663	0.679	0.700	井灌为主

现状 2010 年工业增加值为 315.13 亿元,工业用水量 0.945 4 亿 m³,万元工业增加值用水量为 30.0 m³/万元。2015 年万元工业增加值用水量下降幅度控制目标为下降 39%;2020 年在 2015 年的基础上,万元工业增加值用水量下降幅度控制目标为下降 17%。巩义市 2015 年、2020 年万元工业增加值用水量下降幅度控制目标见表 3-56。

表 3-56 巩义市 2015 年、2020 年万元工业增加值用水量下降幅度控制目标

行政分区	现状 2010 年			2015 年工业用水目标		2020 年工业用水目标	
	工业增加值 (亿元)	工业 用水量 (亿 m³)	万元工业增 加值用水量 (m³/万元)	万元工业增 加值用水量 (m³/万元)	下降幅度 (%)	万元工业增 加值用水量 (m³/万元)	下降幅度 (%)
巩义市	315.13	0.945 4	30.0	18.4	39	15.3	17

第四节 水功能区控制指标

一、河南省对郑州市下达的水功能区达标率控制目标

河南省有 482 个水功能区,纳入国务院批复的重要江河湖泊水功能区有

246 个,其中纳入全省达标率目标考核的重要河流湖泊水功能区有 186 个。根据水利部与流域机构的要求,河南省制定了水功能区达标率控制目标。河南省对郑州市水功能区达标率控制目标分解见表 3-57、表 3-58。

表 3-57　河南省制订郑州市水功能区达标率控制指标分解方案

行政区	纳入考核功能区个数	现状达标情况(双指标)		2015 年达标目标		2020 年达标目标		2030 年达标目标	
		达标个数	达标率	达标个数	达标率	达标个数	达标率	达标个数	达标率
郑州	9	2	22.2%	3	33.3%	5	55.6%	7	77.8%

注:双指标指 COD_{Mn}、氨氮。

二、郑州市水功能区达标率控制目标分解范围

依据河南省水利厅于 2003 年 7 月发布的《河南省水功能区划报告》,郑州市共划定了 32 个二级水功能区,根据《河南省水资源管理控制目标细化方案》提出的水功能区达标率控制目标要求,郑州市纳入达标目标考核的重要河流水库水功能区有 9 个,其中有 3 个水功能区属于跨外县(市、区)水功能区,其二级水功能区名称分别为颍河白沙水库景观娱乐用水区(郑州市、许昌市)、清潩河新郑、长葛农业用水区(郑州市、许昌市)和贾鲁河中牟农业用水区(郑州市、开封市)。结合郑州市近年来长期监测的各县(市)水功能区情况,以 2012 年水功能区水质评价数据为依据,并结合河南省下达给郑州市的纳入达标目标考核的水功能区任务,将全市水功能区达标率控制目标分解到各行政区,并制定各行政区分解方案。

郑州市二级水功能区共计 32 个,常年监测 29 个,监测范围覆盖了郑州市辖区 9 条主要河流;其中 3 个为跨外县(市、区)水功能区。常年监测的 29 个水功能区中有 8 个为跨郑州市所辖行政区水功能区,二级水功能区名称分别为双洎河新密新郑过渡区(新密市、新郑市)、双洎河新密饮用水源区(登封、新密市)、贾鲁河郑州饮用水源区(新密市、郑州市区)、索须河荥阳郑州过渡区(荥阳市、郑州市区)、贾鲁河郑州排污控制区(郑州市区、中牟县)、东风渠郑州控制排污区(郑州市区、中牟县)、索须河荥阳饮用水源区(新密市、荥阳市)和洛河巩义过渡区(巩义市、上街区)。此次《郑州市水资源管理控制目标细化指南》拟将全市 32 个二级水功能区全部纳入考核范围,其中 8 个跨郑州市所辖行政区水功能区,涉及的县(市)行政区同时考核。分解后郑州市区纳入考核范围的有 5 个(含 4 个跨所辖行政区水功能区);新密市纳入考核范围

表 3-58　河南省制订郑州市水功能区达标率控制目标分解清单

水资源一级区	水资源二级区	水资源三级区	所在地市	考核地市	一级水功能区名称	二级水功能区名称	水质目标	基准年水质类别	基准年全因情况 子达标情况	基准年双因情况 子达标情况	要求达标年份		
											2015 年	2020 年	2030 年
淮河区	淮河中游	王蚌区间北岸	郑州市	郑州市	颍河登封源头水保护区		Ⅲ	劣Ⅴ	不达标	不达标	不达标	达标	达标
淮河区	淮河中游	王蚌区间北岸	郑州市	郑州市	颍河许昌开发利用区	颍河登封工业用水区	Ⅲ	劣Ⅴ	不达标	不达标	不达标	不达标	达标
淮河区	淮河中游	王蚌区间北岸	郑州市	郑州市	颍河许昌开发利用区	颍河登封过渡区	Ⅲ	Ⅴ	不达标	不达标	达标	达标	达标
淮河区	淮河中游	王蚌区间北岸	郑州市、许昌市	郑州市	颍河许昌开发利用区	颍河白沙水库景观娱乐用水区	Ⅱ	Ⅲ	不达标	达标	达标	达标	达标
淮河区	淮河中游	王蚌区间北岸	郑州市、许昌市	郑州市	清潩河许昌开发利用区	清潩河新郑、长葛农业用水区	Ⅳ	劣Ⅴ	不达标	不达标	达标	达标	达标
淮河区	淮河中游	王蚌区间北岸	郑州市	郑州市	贾鲁河郑州开发利用区	贾鲁河中牟饮用水源区	Ⅲ	Ⅲ	不达标	达标	达标	达标	达标
淮河区	淮河中游	王蚌区间北岸	郑州市	郑州市	贾鲁河郑州开发利用区	贾鲁河郑州、中牟农业用水区	Ⅳ	劣Ⅴ	不达标	不达标	不达标	达标	达标
淮河区	淮河中游	王蚌区间北岸	郑州市、开封市	郑州市	贾鲁河郑州开发利用区	贾鲁河中牟农业用水区	Ⅳ	劣Ⅴ	不达标	不达标	不达标	不达标	达标
黄河区	三门峡至花园口	伊洛河	郑州市	郑州市	洛河卢氏、巩义开发利用区	洛河巩义过渡区	Ⅳ	劣Ⅴ	不达标	达标	达标	达标	达标

的有 4 个(含 3 个跨所辖行政区水功能区);新郑市纳入考核范围的有 4 个(含 1 个跨所辖行政区水功能区);荥阳市纳入考核范围的有 4 个(含 2 个跨所辖行政区水功能区);登封市纳入考核范围的有 6 个(含 1 个跨外县市区水功能区、1 个跨所辖行政区水功能区);中牟县纳入考核范围的有 5 个(含 1 个跨外县市区水功能区、含 2 个跨所辖行政区水功能区);上街区纳入考核范围的有 1 个,为跨所辖行政区水功能区;巩义市纳入考核范围的有 10 个(含 1 个跨所辖行政区水功能区)。全市考核范围水功能区区划情况见表 3-59、图 3-6。

表 3-59 郑州市水功能区情况一览表

编号	一级功能区	二级功能区	所在			地址
			河流	水资源四级区	县(市)	
1	颍河登封源头水保护区		颍河	沙颍河山区	登封	登封市大金店乡大金店镇
2	颍河许昌开发利用区	颍河登封工业用水区	颍河	沙颍河山区	登封	登封市告成乡告成村
3	颍河许昌开发利用区	颍河登封排污控制区	颍河	沙颍河山区	登封	登封市告成乡曲河村
4	颍河许昌开发利用区	颍河登封过渡区	颍河	沙颍河山区	登封	登封市白沙水库入口
5	颍河许昌开发利用区	颍河白沙水库景观娱乐用水区	颍河	沙颍河山区	登封、许昌	登封市白沙水库入口
6	清潩河许昌开发利用区	清潩河新郑、长葛农业用水区	双洎河	沙颍河平原区	新郑、许昌	长葛市增福庙乡公路桥
7	双洎河新郑开发利用区	双洎河新密新郑过渡区	双洎河	沙颍河山区	新密、新郑	新郑市 107 国道上 500 m
8	双洎河新郑开发利用区	双洎河新郑排污控制区	双洎河	沙颍河平原区	新郑	新郑市京广铁路桥
9	双洎河新郑开发利用区	双洎河新郑长葛过渡区	双洎河	沙颍河平原区	新郑	新郑市周庄
10	双洎河新郑开发利用区	双洎河新密饮用水源区	双洎河	沙颍河山区	登封、新密	新密市李湾水库大坝
11	双洎河新郑开发利用区	双洎河新密排污控制区	双洎河	沙颍河山区	新密	新密市大隗镇南公路桥
12	贾鲁河郑州开发利用区	贾鲁河郑州饮用水源区	贾鲁河	沙颍河山区	新密、郑州市区	郑州二七区侯寨乡尖岗水村
13	索须河郑州开发利用区	索须河荥阳郑州过渡区	索须河	沙颍河平原区	荥阳、郑州市区	郑州市金水区入贾鲁河口
14	东风渠郑州开发利用区	东风渠郑州景观娱乐用水区	东风渠	沙颍河平原区	郑州市区	郑州市 107 公路东风渠桥

续表 3-59

编号	一级功能区	二级功能区	所在			地址
			河流	水资源四级区	县(市)	
15	贾鲁河郑州开发利用区	贾鲁河郑州排污控制区	贾鲁河	沙颍河平原区	郑州市区、中牟	中牟县大吴乡大吴村
16	贾鲁河郑州开发利用区	贾鲁河郑州中牟农业用水区	贾鲁河	沙颍河平原区	中牟	中牟县邢庄
17	贾鲁河郑州开发利用区	贾鲁河中牟排污控制区	贾鲁河	沙颍河平原区	中牟	中牟县陇海铁路桥
18	东风渠郑州开发利用区	东风渠郑州排污控制区	东风渠	沙颍河平原区	郑州市区、中牟	中牟县大王庄入贾鲁河口
19	贾鲁河郑州开发利用区	贾鲁河中牟农业用水区	贾鲁河	沙颍河山区	中牟、开封	尉氏县庄头乡后曹村
20	汜水河巩义开发利用区	汜水河巩义过渡区	汜水河	小浪底至花园口干流区	巩义、荥阳	荥阳市汜水镇
21	索须河郑州开发利用区	索须河荥阳饮用水源区	索须河	沙颍河山区	新密、荥阳	荥阳市丁店水库大坝
22	索须河郑州开发利用区	索须河荥阳渔业用水区	索须河	沙颍河山区	荥阳	荥阳市楚楼水库大坝
23	索须河郑州开发利用区	索须河荥阳排污控制区	索须河	沙颍河山区	荥阳	荥阳市河王水库大坝
24	汜水河巩义开发利用区	汜水河巩义排污控制区	汜水河	小浪底至花园口干流区	巩义	巩义市米河镇两河口
25	洛河卢氏巩义开发利用区	洛河偃师巩义农业用水区	伊洛河	伊洛河区	偃师、巩义	巩义市回郭镇火车站
26	洛河卢氏巩义开发利用区	洛河巩义排污控制区	伊洛河	伊洛河区	巩义	巩义市石灰雾
27	洛河卢氏、巩义开发利用区	洛河巩义过渡区	伊洛河	伊洛河区	巩义、上街	河南巩义市伊洛河入黄河口
28	坞罗河巩义开发利用区	坞罗河巩义饮用水源区	坞罗河	伊洛河区	巩义	巩义市坞罗河水库坝上
29	坞罗河巩义开发利用区	坞罗河巩义农业用水区	坞罗河	伊洛河区	巩义	巩义市芝田镇
30	后寺河巩义开发利用区	后寺河巩义饮用水源区	后寺河	伊洛河区	巩义	巩义市北山口镇
31	后寺河巩义开发利用区	后寺河巩义景观娱乐用水区	后寺河	伊洛河区	巩义	巩义市城北
32	后寺河巩义开发利用区	后寺河巩义排污控制区	后寺河	伊洛河区	巩义	巩义市城北

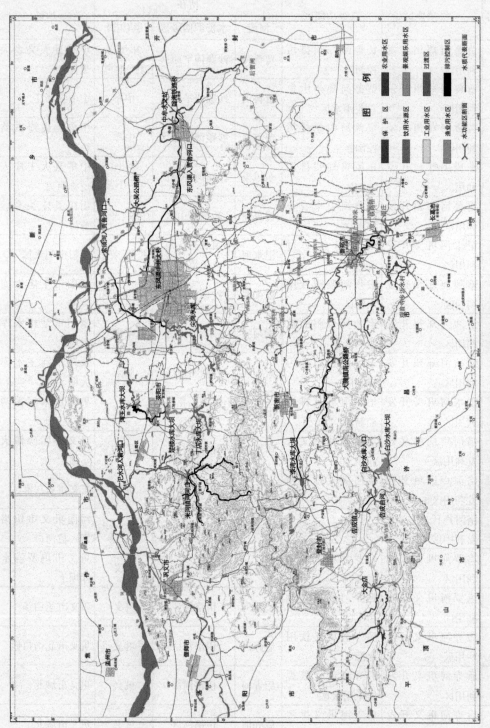

图3-6　郑州市纳入考核范围的水功能区区划成果图（不含巩义市）

三、水功能区达标年度目标分解原则

根据河南省确定的分阶段达标水功能区个数及范围,结合郑州市水功能区实际情况,以 2012 年为水质评价基准年,以双因子(氨氮、COD_{Mn})作为评价指标,按照以下原则对水功能区达标年度目标进行分解:

(1)不低于现状水质原则。2012 年已达标水功能区在 2015 年必须保持达标状态。

(2)满足河南省分阶段控制目标原则。2015 年、2020 年、2030 年水功能区达标率满足河南省控制目标要求。

(3)循序渐进原则。根据 2012 年水功能区监测评价结果,按照水功能区水质与目标水质越接近越早达标的办法,同一行政区范围内如有多个考核目标,依据循序渐进的原则,分解到不同阶段,最终实现全面达标。

(4)以本区域水功能区的监测数据,评价考核本区域水功能区达标情况,跨县(市、区)水功能区在县(市、区)界设立考核断面,由下游县(市、区)监测数据评价来考核上游县(市、区)。

四、全市水功能区达标率控制目标

根据河南省确定的水功能区达标要求,结合郑州市 2012 年监测评价结果,水功能区达标年度目标分解结果如下:

2015 年:全市 32 处重要河流水库水功能区达标个数为 14 个,在现状达标 8 个的基础上,增加 6 个达标功能区,达标率达到 43.75%。

2020 年:全市重要河流水库水功能区达标个数为 21 个,即在 2015 年达标基础上增加 7 个,达标率达到 65.63%。

2030 年:全市重要河流水库水功能区达标个数为 28 个,即在 2020 年达标基础上增加 7 个,达标率达到 87.50%。

郑州市水功能区达标率控制目标见表 3-60。

表 3-60 郑州市全市水功能区达标率控制目标分解方案

行政区	纳入考核功能区个数	现状达标情况(双指标)		2015 年达标目标		2020 年达标目标		2030 年达标目标	
		达标个数	达标率	达标个数	达标率	达标个数	达标率	达标个数	达标率
郑州市	32	8	25.00%	14	43.75%	21	65.63%	28	87.50%

五、各行政区水功能区达标率控制目标分解方案

各行政区重要河流水库水功能区达标控制目标及各水平年水功能区详细分解方案如下所示。

(一)郑州市区水功能区达标率控制目标分解

郑州市区纳入考核的水功能区有 5 个,二级水功能区名称分别为贾鲁河郑州饮用水源区、索须河荥阳郑州过渡区、东风渠郑州景观娱乐用水区、东风渠郑州排污控制区和贾鲁河郑州排污控制区。其中,贾鲁河郑州饮用水源区(郑州市区、新密市)、索须河荥阳郑州过渡区(郑州市区、荥阳市)、东风渠郑州控制排污区(郑州市区、中牟县)和贾鲁河郑州排污控制区(郑州市区、中牟县)4 个水功能区为跨所辖行政区水功能区。郑州市区现状条件下只有贾鲁河郑州饮用水源区 1 个水功能区水质达标,达标率为 20%,2015 年水质达标率应达 40%,2020 年水质达标率应达 60%,2030 年水质达标率应达 80%,见表 3-61、表 3-62。

(二)新密市水功能区达标率控制目标分解

新密市纳入考核的水功能区有 5 个,其中双洎河新密饮用水源区(登封市、新密市)、双洎河新密新郑过渡区(新密市、新郑市)、贾鲁河郑州饮用水源区(新密市、郑州市区)和索须河荥阳饮用水源区(新密市、荥阳市)4 个水功能区为跨所辖行政区水功能区。目前,新密市现状条件下有双洎河新密饮用水源区、贾鲁河郑州饮用水源区和索须河荥阳饮用水源区 3 个水功能区水质达标,达标率为 60%,2015 年达标率应保持为 60%,2020 年水质达标率达 100%,2030 年达 100%,见表 3-63、表 3-64。

(三)新郑市水功能区达标率控制目标分解

新郑市纳入考核的水功能区有 4 个,其中清潩河新郑、长葛农业用水区(新郑市、许昌市)为跨外县(市、区)水功能区,双洎河新密新郑过渡区(新密市、新郑市)为跨所辖行政区水功能区。现状条件下新郑市没有 1 个水功能区水质达标,2015 年水质达标率应达 25%,2020 年达 50%,2030 年达 75%,见表 3-65、表 3-66。

(四)荥阳市水功能区达标率控制目标分解

荥阳市纳入考核的水功能区有 4 个,其中索须河荥阳饮用水源区(新密市、荥阳市)和索须河荥阳郑州过渡区(荥阳市、郑州市区)2 个水功能区为跨所辖行政区水功能区。现状条件下荥阳市只有索须河荥阳饮用水源区 1 个水功能区水质达标,达标率为 25%,2015 年水质达标率应达到 50%,2020 年达到 75%,2030 年达到 100%,见表 3-67、表 3-68。

表 3-61　郑州市区水功能区达标率控制目标分解方案

行政区	纳入考核功能区个数	现状达标情况（双指标）		2015 年达标目标		2020 年达标目标		2030 年达标目标	
		达标个数	达标率	达标个数	达标率	达标个数	达标率	达标个数	达标率
郑州市区	5	1	20%	2	40%	3	60%	4	80%

表 3-62　郑州市区水功能区达标率控制目标分解清单

水资源一级区	水资源二级区	水资源三级区	所在地市	考核市（县、区）	一级水功能区名称	二级水功能区名称	水质目标	基准年水质类别	基准年全因子达标情况	基准年双因子达标情况	要求达标年份		
											2015 年	2020 年	2030 年
淮河区	淮河中游	王蚌区间北岸	郑州市	新密市、郑州市区	贾鲁河郑州开发利用区	贾鲁河郑州饮用水源区	Ⅲ	Ⅲ	不达标	达标	达标	达标	达标
淮河区	淮河中游	王蚌区间北岸	郑州市	郑州市区、荥阳市	索须河郑州开发利用区	索须河荥阳郑州过渡区	Ⅳ	劣Ⅴ	不达标	不达标	达标	达标	达标
淮河区	淮河中游	王蚌区间北岸	郑州市	郑州市区	东风渠郑州开发利用区	东风渠郑州景观娱乐用水区	Ⅲ	劣Ⅴ	不达标	不达标	不达标	达标	达标
淮河区	淮河中游	王蚌区间北岸	郑州市	郑州市区、中牟县	东风渠郑州开发利用区	东风渠郑州控制排污区	Ⅴ	劣Ⅴ	不达标	不达标	不达标	不达标	不达标
淮河区	淮河中游	王蚌区间北岸	郑州市	郑州市区、中牟县	贾鲁河郑州开发利用区	贾鲁河郑州排污控制区	Ⅴ	劣Ⅴ	不达标	不达标	不达标	达标	达标

表 3-63　新密市水功能区达标率控制目标分解方案

行政区	纳入考核功能区个数	现状达标情况（双指标）		2015 年达标目标		2020 年达标目标		2030 年达标目标	
		达标个数	达标率	达标个数	达标率	达标个数	达标率	达标个数	达标率
新密市	5	3	60	3	60%	5	100%	5	100%

表 3-64　新密市水功能区达标率控制目标分解清单

水资源一级区	水资源二级区	水资源三级区	所在地市	考核市（县、区）	一级水功能区名称	二级水功能区名称	水质目标	基准年水质类别	基准年全因子达标情况	基准年双因子达标情况	要求达标年份		
											2015 年	2020 年	2030 年
淮河	淮河中游	王蚌区间北岸	郑州市	新密市、登封市	双洎河新郑开发利用区	双洎河新密饮用水源区	III	III	达标	达标	达标	达标	达标
淮河	淮河中游	王蚌区间北岸	郑州市	新密市	双洎河新郑开发利用区	双洎河新密排污控制区	V	劣V	不达标	不达标	不达标	达标	达标
淮河	淮河中游	王蚌区间北岸	郑州市	新密市、新郑市	双洎河新郑开发利用区	双洎河新郑过渡区	IV	劣V	不达标	不达标	不达标	达标	达标
淮河	淮河中游	王蚌区间北岸	郑州市	新密市、郑州市区	贾鲁河郑州开发利用区	贾鲁河郑州饮用水源区	III	III	达标	达标	达标	达标	达标
淮河	淮河中游	王蚌区间北岸	郑州市	荥阳市、新密市	索须河郑州开发利用区	索须河荥阳饮用水源区	III	IV	不达标	达标	达标	达标	达标

表3-65　新郑市水功能区达标率控制目标分解方案

行政区	纳入考核功能区个数	现状达标情况（双指标）		2015年达标目标		2020年达标目标		2030年达标目标	
		达标个数	达标率	达标个数	达标率	达标个数	达标率	达标个数	达标率
新郑市	4	0	0	1	25%	2	50%	3	75%

表3-66　新郑市水功能区达标率控制目标分解清单

水资源一级区	水资源二级区	所在地市	考核市（县、区）	一级水功能区名称	二级水功能区名称	水质目标	基准年水质类别	基准年全因子达标情况	基准年双因子达标情况	要求达标年份		
										2015年	2020年	2030年
淮河区	王蚌区间北岸	郑州市、许昌市	新郑市、许昌市	清潩河许昌开发利用区	清潩河新郑、长葛农业用水区	IV	V	不达标	不达标	达标	达标	达标
淮河区	王蚌区间北岸	郑州市	新郑市、新密市	双洎河新郑开发利用区	双洎河新密新郑过渡区	IV	劣V	不达标	不达标	不达标	不达标	达标
淮河区	王蚌区间北岸	郑州市	新郑市	双洎河新郑开发利用区	双洎河新郑长葛过渡区	IV	劣V	不达标	不达标	不达标	达标	达标
淮河区	王蚌区间北岸	郑州市	新郑市	双洎河新郑开发利用区	双洎河新郑排污控制区	V	劣V	不达标	不达标	不达标	不达标	不达标

表 3-67 荥阳市水功能区达标率控制目标分解方案

行政区	纳入考核功能区个数	现状达标情况（双指标）		2015 年达标目标		2020 年达标目标		2030 年达标目标	
		达标个数	达标率	达标个数	达标率	达标个数	达标率	达标个数	达标率
荥阳市	4	1	25%	2	50%	3	75%	4	100%

表 3-68 荥阳市水功能区达标率控制目标分解清单

水资源一级区	水资源二级区	水资源三级区	所在地市	考核市（县、区）	一级水功能区名称	二级水功能区名称	水质目标	基准年水质类别	基准年全因子达标情况	基准年双因子达标情况	要求达标年份		
											2015 年	2020 年	2030 年
淮河区	淮河中游	王蚌区间北岸	郑州市	荥阳市、新密市	索须河郑州开发利用区	索须河荥阳饮用水源区	III	IV	不达标	达标	达标	达标	达标
淮河区	淮河中游	王蚌区间北岸	郑州市	荥阳市	索须河郑州开发利用区	索须河荥阳渔业用水区	III	劣 V	不达标	不达标	不达标	达标	达标
淮河区	淮河中游	王蚌区间北岸	郑州市	荥阳市	索须河郑州开发利用区	索须河荥阳排污控制区	V	劣 V	不达标	不达标	不达标	不达标	不达标
淮河区	淮河	王蚌区间北岸	郑州市	荥阳市、郑州市区	索须河郑州开发利用区	索须河郑州过渡区	IV	劣 V	不达标	不达标	达标	不达标	达标

(五)登封市水功能区达标率控制目标分解

登封市纳入考核的水功能区有6个,其中颍河白沙水库景观娱乐用水区为跨外县(市、区)水功能区(登封市、许昌市),双洎河新密饮用水源区(登封市、新密市)为跨所辖行政区水功能区。现状条件下登封市只有颍河白沙水库景观娱乐用水区和双洎河新密饮用水源区2个水功能区水质达标,达标率为33.33%,2015年水质达标率应达50%,2020年应达66.67%,2030年应达83.33%,见表3-69、表3-70。

(六)中牟县水功能区达标率控制目标分解

中牟县纳入考核的水功能区有5个,其中贾鲁河中牟农业用水区(中牟县、开封市)为跨外县(市)水功能区。贾鲁河郑州排污控制区(中牟县、郑州市区)和东风渠郑州控制排污区(中牟县、郑州市区)为跨所辖行政区水功能区。现状条件中牟县没有1个水功能区水质达标,2015年水质达标率应达20%,2020年应达60%,2030年应达80%,见表3-71、表3-72。

(七)上街区水功能区达标率控制目标分解

上街区纳入考核的水功能区有1个,其二级水功能区为洛河巩义过渡区(上街区、巩义市)。现状条件下该水功能区水质达标,达标率为100%,2015年、2020年和2030年水质达标率应保持为100%,见表3-73、表3-74。

(八)巩义市水功能区达标率控制目标分解

巩义市纳入考核的水功能区有10个。其中,后寺河巩义景观娱乐用水区和后寺河巩义排污控制区两个水功能区出现断流。剩余的8个水功能区中洛河巩义过渡区(巩义市、上街区)为跨所辖行政区水功能区。现状条件下巩义市有4个水功能区水质达标,达标率为40%,2015年水质达标率应达60%,2020年应达70%,2030年应达90%,见表3-75、表3-76。

六、污染物入河量估算

(一)调查范围与方法

以所划定的水功能区作为基本单元,通过污染源调查,收集有关入河排污口的设置、市政排水管网布置、企业和单位自行设置排污口的现状及规划等资料,同时进行必要的实地勘查分析,特别是对水功能区水质影响大的污水排放源,尽可能搞清水功能区对应的陆域范围,并以此作为陆域污染物排放总量控制的基础。

表 3-69 登封市水功能区达标率控制目标分解方案

行政区	纳入考核功能区个数	现状达标情况（双指标）		2015 年达标目标		2020 年达标目标		2030 年达标目标	
		达标个数	达标率	达标个数	达标率	达标个数	达标率	达标个数	达标率
登封市	6	2	33.33%	3	50%	4	66.67%	5	83.33%

表 3-70 登封市水功能区达标率控制目标分解清单

水资源一级区	水资源二级区	水资源三级区	所在地市	考核市（县、区）	一级水功能区名称	二级水功能能区名称	水质目标类别	基准年水质类别	基准年全因子达标情况	基准年双因子达标情况	要求达标年份		
											2015 年	2020 年	2030 年
淮河区	淮河中游	王蚌区间北岸	郑州市	登封市	颖河登封源头水保护区		III	劣V	不达标	不达标	达标	达标	达标
淮河区	淮河中游	王蚌区间北岸	郑州市	登封市	颖河许昌开发利用区	颖河登封工业用水区	III	劣V	不达标	不达标	不达标	不达标	达标
淮河区	淮河中游	王蚌区间北岸	郑州市	登封市	颖河许昌开发利用区	颖河登封过渡区	III	V	不达标	不达标	不达标	达标	达标
淮河区	淮河中游	王蚌区间北岸	郑州市	登封市、许昌市	颖河许昌开发利用区	颖河白沙水库景观娱乐用水区	II	III	达标	达标	达标	达标	达标
淮河区	淮河中游	王蚌区间北岸	郑州市	登封市	颖河许昌开发利用区	颖河登封排污控制区	V	劣V	不达标	不达标	不达标	不达标	不达标
淮河区	淮河中游	王蚌区间北岸	郑州市	新密市、登封市	双洎河新郑开发利用区	双洎河新密饮用水源区	III	III	达标	达标	达标	达标	达标

表 3-71 中牟县水功能区达标率控制目标分解方案

行政区	纳入考核功能区个数	现状达标情况（双指标）		2015 年达标目标		2020 年达标目标		2030 年达标目标	
		达标个数	达标率	达标个数	达标率	达标个数	达标率	达标个数	达标率
中牟县	5	0	0	1	20%	3	60%	4	80%

表 3-72 中牟县水功能区达标率控制目标分解清单

水资源一级区	水资源二级区	水资源三级区	所在地市	考核市（县、区）	一级水功能区名称	二级水功能区名称	水质目标	基准年水质类别	基准年全因子达标情况	基准年双因子达标情况	要求达标年份		
											2015年	2020年	2030年
淮河区	淮河中游	王蚌区间北岸	郑州市、开封市	中牟县、尉氏县	贾鲁河郑州开发利用区	贾鲁河中牟农业用水区	IV	劣V	不达标	不达标	不达标	达标	达标
淮河区	淮河中游	王蚌区间北岸	郑州市	中牟县	贾鲁河郑州开发利用区	贾鲁河郑州中牟农业用水区	IV	劣V	不达标	不达标	达标	达标	达标
淮河区	淮河中游	王蚌区间北岸	郑州市	中牟县	贾鲁河郑州开发利用区	贾鲁河中牟排污控制区	IV	劣V	不达标	不达标	不达标	不达标	达标
淮河区	淮河中游	王蚌区间北岸	郑州市	中牟县、郑州市区	贾鲁河郑州开发利用区	贾鲁河郑州排污控制区	V	劣V	不达标	不达标	不达标	达标	达标
淮河区	淮河中游	王蚌区间北岸	郑州市	中牟县、郑州市区	东风渠郑州开发利用区	东风渠郑州控制排污区	V	劣V	不达标	不达标	不达标	不达标	不达标

表 3-73 上街区水功能区达标率控制目标分解方案

行政区	纳入考核功能区个数	现状达标情况（双指标）		2015年达标目标		2020年达标目标		2030年达标目标	
		达标个数	达标率	达标个数	达标率	达标个数	达标率	达标个数	达标率
上街区	1	1	100%	1	100%	1	100%	1	100%

表 3-74 上街区水功能区达标率控制目标分解清单

水资源一级区	水资源二级区	水资源三级区	所在地市	考核市(县、区)	一级水功能区名称	二级水功能区名称	水质目标	基准年水质类别	基准年全因子达标情况	基准年双因子达标情况	要求达标年份		
											2015年	2020年	2030年
黄河区	三门峡至花园口	伊洛河	郑州市	巩义市、上街区	洛河卢氏、巩义开发利用区	洛河巩义过渡区	IV	劣V	不达标	达标	达标	达标	达标

表 3-75 巩义市水功能区达标率控制目标分解方案

行政区	纳入考核功能区个数	现状达标情况(双指标)		2015年达标目标		2020年达标目标		2030年达标目标	
		达标个数	达标率	达标个数	达标率	达标个数	达标率	达标个数	达标率
巩义市	10	4	40%	6	60%	7	70%	9	90%

表 3-76 巩义市水功能区达标率控制目标分解清单

水资源一级区	水资源二级区	水资源三级区	所在地市	考核市(县、区)	一级水功能区名称	二级水功能区名称	水质目标	基准年水质类别	基准年全因子达标情况	基准年双因子达标情况	要求达标年份		
											2015年	2020年	2030年
黄河区	三门峡至花园口	伊洛河区	郑州市	巩义市、上街区	洛河卢氏、巩义开发利用区	洛河巩义过渡区	IV	劣V	不达标	达标	达标	达标	达标
黄河区		伊洛河区	郑州市	巩义市	坞罗河巩义开发利用区	坞罗河巩义饮用水源区	III	IV	不达标	不达标	达标	达标	达标
黄河区		伊洛河区	郑州市	巩义市	坞罗河巩义开发利用区	坞罗河巩义农业用水区	V	劣V	不达标	不达标	不达标	不达标	达标
黄河区		伊洛河区	郑州市	巩义市	后寺河巩义开发利用区	后寺河巩义饮用水源区	III	III	达标	达标	达标	达标	达标

续表 3-76

水资源一级区	水资源二级区	水资源三级区	所在地市	考核地市	一级水功能区名称	二级水功能区名称	水质目标	基准年水质类别	基准年全因子达标情况	基准年双因子达标情况	要求达标年份		
											2015 年	2020 年	2030 年
黄河区	伊洛河区	洛河	郑州市	巩义市	洛河卢氏巩义开发利用区	洛河偃师巩义农业用水区	IV	劣V	不达标	不达标	不达标	达标	达标
黄河区	伊洛河区	洛河	郑州市	巩义市	洛河卢氏巩义开发利用区	洛河巩义排污控制区	V	劣V	不达标	不达标	不达标	不达标	不达标
黄河区	小浪底至花园口干流区	汜水河	郑州市	巩义市	汜水河巩义开发利用区	汜水河巩义排污控制区	V	V	达标	达标	达标	达标	达标
黄河区	小浪底至花园口干流区	汜水河	郑州市	荥阳市	汜水河巩义开发利用区	汜水河巩义过渡区	V	劣V	不达标	达标	达标	达标	达标
黄河区	伊洛河区	后寺河	郑州市	巩义市	后寺河巩义开发利用区	后寺河巩义景观娱乐用水区	IV	断流			达标	达标	达标
黄河区	伊洛河区	后寺河	郑州市	巩义市	后寺河巩义开发利用区	后寺河巩义排污控制区	V	断流			不达标	不达标	达标

（二）污染物排放系数确定

根据郑州市的实际情况,污染源主要为工业、城市生活、农村生活。污水排放系数、污染物入河系数与源强系数参照郑州市水资源综合规划成果,确定各类污染物源强系数和入河系数,见表3-77。

表3-77　郑州市污水排放各类系数汇总表

污染源类别	污水排放系数	入河系数	COD产生系数	氨氮产生系数
工业	0.7	0.8	1.40 t/万 m³	0.28 t/万 m³
城市生活	0.7	0.8	80 g/（人·d）	6 g/（人·d）
农村生活	0.7	0.1	120 g/（人·d）	26 g/（人·d）

（三）现状水平年入河排污口排放量

入河排污口是指直接排入水功能区水域的排污口。未划分功能区的小支流可按排污口处理。汇入水功能区的较大支流,需考虑支流上的污染源。以2010年郑州市入河排污口监测数据为基础,结合流域入河排污口普查等资料,确定水功能区主要污染物的现状入河废污水和主要污染物排放量,见表3-78。

表3-78　水功能区主要污染物现状入河排污口排放量

所在二级功能区名称	污染物年排放			污染物浓度（mg/L）	
	排放量（万 t）	COD(t)	氨氮(t)	COD	氨氮
颍河登封工业用水区	291.6	98.8	23.1	33.9	23.4
颍河登封排污控制区	550.8	237.6	10.9	43.1	4.6
颍河登封过渡区	36.4	21.2	5.5	58.2	25.9
双洎河新密排污控制区	6 370.4	5 539.2	896.1	87.0	16.2
双洎河新密新郑过渡区	476.8	103.8	65.1	21.8	62.8
双洎河新郑排污控制区	21.8	23.5	15.7	107.4	66.8
双洎河新郑长葛过渡区	61.9	75.7	100.2	122.3	132.4
贾鲁河郑州排污控制区	25.2	24.6	20.6	97.5	83.7
贾鲁河郑州中牟过渡区	32.4	24.9	6.0	77.0	24.0
贾鲁河郑州中牟农业用水区	599.1	207.4	198.9	34.6	95.9
贾鲁河中牟排污控制区	85.1	12.1	7.1	14.2	58.6
贾鲁河中牟农业用水区	2 008.8	7 763.9	3 117.2	386.5	40.1

续表 3-78

所在二级功能区名称	污染物年排放			污染物浓度（mg/L）	
	排放量（万 t）	COD(t)	氨氮(t)	COD	氨氮
索须河荥阳排污控制区	347.8	370.5	362.6	106.5	97.9
东风渠郑州排污控制区	114.3	77.9	19.5	68.2	25.0
七里河郑州排污控制区	9 720.0	2 192.9	2 816.7	22.6	128.4
七里河郑州中牟过渡区	111.0	253.1	154.7	228.1	61.1
潮河新郑郑州景观娱乐用水区	615.0	193.9	149.0	31.5	76.9
金水河郑州景观娱乐用水区	415.8	289.3	30.1	69.6	10.4
熊耳河郑州景观娱乐用水区	203.0	44.0	15.0	21.7	34.2

（四）规划水平年污染物排放量和入河量估算

规划水平年污染物排放量的预测与需水预测相结合,原则上,生活污水按当地规划水平年内的人口增长状况进行预测;工业污染负荷预测是指排污口的污染物排放总量,预测时考虑排污总量控制目标。根据本项目需水预测部分的成果,污水排放量以需水预测中的工业、城市生活和农村生活需水量的70%计算。各规划水平年预测的污染物排放量乘以相应的入河系数,即可求得规划水平年污染物入河量。各行政分区污水排放量预测结果见表3-79、图3-7。

表 3-79　各行政分区规划水平年污水排放量汇总　　　　（单位:万 t）

行政分区	2015 年			2020 年			2030 年		
	城市生活	农村生活	工业	城市生活	农村生活	工业	城市生活	农村生活	工业
新密市	1 676.4	859.0	7 365.2	2 037.8	747.9	7 546.5	2 376.1	761.0	7 184.2
新郑市	1 629.8	628.6	7 350.0	1 880.4	571.6	7 827.3	2 190.0	573.1	8 178.9
荥阳市	1 509.1	567.4	7 402.5	1 688.7	541.6	8 051.1	2 017.4	516.9	8 768.4
登封市	1 255.3	748.2	6 863.2	1 478.2	697.5	7 187.2	1 852.2	638.5	8 229.8
中牟县	1 371.5	836.5	3 150.0	1 552.2	825.0	3 228.2	1 988.2	727.8	3 802.1
郑州市区	21 894.0	860.0	11 939.3	23 164.3	793.5	12 355.9	27 994.6	712.8	11 839.8
航空港区	894.8	147.6	1 762.2	2 401.0	81.8	2 088.8	2 834.4	0.0	3 271.6
上街区	554.5	21.7	1 700.1	583.5	21.7	1 684.5	664.6	18.8	1 839.6
全市	30 785.4	4 669.0	47 532.5	34 786.1	4 280.6	49 968.8	41 917.3	3 948.9	53 114.4

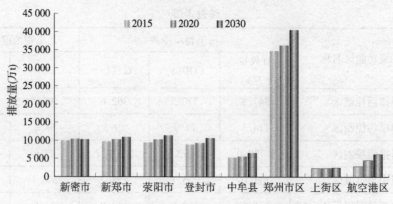

图3-7　各行政分区规划水平年污水排放量对比图

1. 2015 年污染物入河量估算

2015 年郑州市污水排放总量为 82 986.9 万 t。其中,工业、城市生活和非点源(为农村生活,以下相同)污水排放量分别为 47 532.5 万 t、30 785.4 万 t 和 4 669.0 万 t。COD 排放总量为 346 891.0 t,其中工业、城市生活和非点源 COD 排放量分别为 66 545.5 t、178 127.4 t 和 102 218.11 t;氨氮排放总量为 48 815.9 t,其中工业、城市生活和非点源氨氮排放量分别为 13 309.1 t、13 359.5 t 和 22 147.3 t。

根据各类污染物入河系数计算得出,2015 年郑州市污水入河量为 63 121.3 万 t。其中,工业、城市生活和非点源污水入河量分别为 38 026.0 万 t、24 628.3 万 t 和 466.9 万 t。COD 入河量为 205 960.2 t,其中工业、城市生活和非点源 COD 入河量分别为 53 236.4 t、142 501.9 t 和 10 221.8 t;氨氮入河量为 23 549.7 t,其中工业、城市生活和非点源氨氮入河量分别为 10 647.3 t、10 687.7 t 和 2 214.7 t。

2. 2020 年污染物入河量估算

2020 年郑州市污水排放总量为 89 035.5 万 t。其中,工业、城市生活和非点源污水排放量分别为 49 968.8 万 t、34 786.1 万 t 和 4 280.6 万 t。COD 排放总量为 369 836.7 t,其中工业、城市生活和非点源 COD 排放量分别为 69 956.3 t、210 100.6 t 和 89 779.8 t;氨氮排放总量为 49 201.1 t,其中工业、城市生活和非点源氨氮排放量分别为 13 991.3 t、15 757.5 t 和 19 452.3 t。

根据各类污染物入河系数计算得出,2020 年郑州市污水入河量为 68 232.0 万 t。其中工业、城市生活和非点源污水入河量分别为 39 975.0 万 t、27 828.9 万 t 和 428.1 万 t。COD 入河量为 233 023.3 t,其中工业、城市生活和非点源 COD 入河量分别为 55 965.0 t、168 080.4 t 和 8 977.9 t;氨氮入河量为 25 744.4 t,其中工业、城市生活和非点源氨氮入河量分别为 11 193.0 t、12 606.0 t 和 1 945.4 t。

3. 2030 年污染物入河量估算

2030 年郑州市污水排放总量为 98 980.6 万 t。其中,工业、城市生活和非点源污水排放量分别为 53 114.4 万 t、41 917.3 万 t 和 3 948.9 万 t。COD 排放总量为 403 934.2 t,其中工业、城市生活和非点源 COD 排放量分别为 74 360.1 t、252 942.9 t 和 76 631.2 t;氨氮排放总量为 50 446.2 t,其中工业、城市生活和非点源氨氮排放量分别为 14 872.0 t、18 970.8 t 和 16 603.4 t。

根据各类污染物入河系数计算得出,2030 年郑州市污水入河量为 76 420.2 万 t。其中工业、城市生活和非点源污水入河量分别为 42 491.5 万 t、33 533.8 万 t 和 394.9 万 t。COD 入河量为 269 505.7 t,其中工业、城市生活和非点源 COD 入河量分别为 59 488.1 t、202 354.4 t 和 7 663.2 t;氨氮入河量为 28 734.7 t,其中工业、城市生活和非点源氨氮入河量分别为 11 897.7 t、15 176.6 t 和 1 660.4 t。

各水功能区规划水平年污染物排放量及入河量估算结果见表 3-80。

七、水功能区纳污能力计算

水功能区纳污能力是在给定水域范围和一定设计流量条件下,满足水功能区环境质量标准要求的最大允许纳污量。郑州市各水功能区大多数存在不同程度的入河排污现象,直接导致排污口以下水体污染,水质恶化。合理的纳污是水资源有效利用的一部分,同时计算出各河段的纳污能力也是实现水质目标、确定入河削减量的一个重要前提。

(一)计算原则

水功能区纳污能力计算原则为:

(1)保护区和保留区纳污能力。保护区和保留区的现状水质优于水质目标值时,其纳污能力采用其现状污染物入河量;需要改善水质的保护区和保留区,纳污能力计算方法同开发利用区。

(2)缓冲区纳污能力。缓冲区纳污能力分两种情况处理:现状水质优于水质目标,且用水矛盾不突出的缓冲区,采用其现状污染物入河量作为纳污能力;现状水质劣于水质目标或存在用水水质矛盾的缓冲区,纳污能力计算方法同开发利用区。

(3)开发利用区纳污能力。开发利用区纳污能力根据各二级水功能区的设计条件和水质目标,依据《水域纳污能力计算规程》(GB/T 25173—2010),

表 3-80 郑州市水功能区污染物排放量及入河量估算表

水功能区 一级	水功能区 二级	水平年	废污水 排放量(万t/a) 工业	城镇生活	非点源	合计	入河系数	入河量(万t/a)	COD 排放量(t/a) 工业	城镇生活	非点源	合计	入河系数	入河量(t/a)	氨氮 排放量(t/a) 工业	城镇生活	非点源	合计	入河系数	入河量(t/a)
汇水河巩义荥阳开发利用区	汇水河巩义排污控制区	2015	522.9	0.0	42.0	564.9	0.75	422.5	732.1	0.0	919.8	1 651.9	0.41	677.7	146.4	0.0	199.3	345.7	0.40	137.1
		2020	499.7	0.0	38.5	538.2	0.75	403.6	699.6	0.0	788.4	1 488.0	0.43	638.5	139.9	0.0	170.8	310.7	0.42	129.0
		2030	531.1	0.0	35.5	566.6	0.76	428.4	743.5	0.0	700.8	1 444.3	0.46	664.9	148.7	0.0	151.8	300.5	0.45	134.1
	汇水河荥阳过渡区	2015	999.7	0.0	131.9	1 131.6	0.72	813.0	1 399.6	0.0	2 886.4	4 286.0	0.33	1 408.3	279.9	0.0	625.4	905.3	0.32	286.5
		2020	1 025.2	0.0	120.9	1 146.1	0.73	832.3	1 435.3	0.0	2 540.4	3 975.7	0.35	1 402.3	287.1	0.0	550.4	837.5	0.34	284.7
		2030	1 064.8	0.0	111.6	1 176.4	0.73	863.0	1 490.7	0.0	2 146.2	3 636.9	0.39	1 407.2	298.1	0.0	465.0	763.1	0.37	285.0
枯河荥阳郑州开发利用区	枯河荥阳农业用水区	2015	0.0	0.0	306.0	306.0	0.10	30.6	0.0	0.0	6 697	6 697.0	0.10	669.7	0.0	0.0	1 451.0	1 451.0	0.10	145.1
		2020	0.0	0.0	280.6	280.6	0.10	28.1	0.0	0.0	5 869.2	5 869.2	0.10	586.9	0.0	0.0	1 271.7	1 271.7	0.10	127.2
		2030	0.0	0.0	258.8	258.8	0.10	25.9	0.0	0.0	5 037	5 037.0	0.10	503.7	0.0	0.0	1 091.4	1 091.4	0.10	109.1
颖河登封开发利用区	颖河登封工业用水区	2015	2 176.2	911.9	265.7	3 353.8	0.74	2 497.1	3 046.7	5 276.4	5 816.6	14 139.7	0.51	7 240.1	609.3	395.7	1 260.3	2 265.3	0.41	930.0
		2020	2 295.8	1 284.0	243.6	3 823.4	0.76	2 888.3	3 214.1	7 755.5	5 124.6	16 094.2	0.58	9 288.1	642.8	581.7	1 110.3	2 334.8	0.47	1 090.6
		2030	3 015.6	1 713.5	224.8	4 953.9	0.77	3 805.9	4 221.8	10 339.8	4 380	18 941.6	0.64	12 087.3	844.4	775.5	949.0	2 568.9	0.54	1 390.8
	颖河登封排污控制区	2015	1 502.7	390.9	36.8	1 930.4	0.79	1 518.6	2 103.8	2 263.0	805.9	5 172.7	0.69	3 574.0	420.8	169.7	174.6	765.1	0.64	489.9
		2020	1 585.1	550.3	33.7	2 169.1	0.79	1 711.7	2 219.1	3 323.0	700.8	6 242.9	0.72	4 503.8	443.8	249.2	151.8	844.8	0.67	569.6
		2030	2 082.2	734.4	31.2	2 847.8	0.79	2 256.4	2 915.1	4 431.9	613.2	7 960.2	0.75	5 938.9	583.0	332.4	132.9	1 048.3	0.71	745.6
	颖河封过渡区	2015	1 502.7	0.0	251.3	1 754.0	0.70	1 227.2	2 103.8	0.0	5 501.3	7 605.1	0.29	2 233.2	420.8	0.0	1 191.9	1 612.7	0.28	455.8
		2020	1 585.1	0.0	230.4	1 815.5	0.71	1 291.1	2 219.1	0.0	4 818	7 037.1	0.32	2 257.1	443.8	0.0	1 043.9	1 487.7	0.31	459.4
		2030	2 082.2	0.0	212.6	2 294.8	0.74	1 687.0	2 915.1	0.0	4 117.2	7 032.3	0.39	2 743.8	583.0	0.0	892.1	1 475.1	0.38	555.6
	颖河登封景观娱乐用水区	2015	0.0	0.0	60.8	60.8	0.10	6.1	0.0	0.0	1 331.5	1 331.5	0.10	133.2	0.0	0.0	288.5	288.5	0.10	28.9
		2020	0.0	0.0	55.8	55.8	0.10	5.6	0.0	0.0	1 182.6	1 182.6	0.10	118.3	0.0	0.0	256.2	256.2	0.10	25.6
		2030	0.0	0.0	51.4	51.4	0.10	5.1	0.0	0.0	1 007.4	1 007.4	0.10	100.7	0.0	0.0	218.3	218.3	0.10	21.8

续表 3-80

水功能区（一级）	水功能区（二级）	水平年	废污水排放量(万t/a) 工业	城镇生活	非点源	合计	入河系数	入河量(万t/a)	COD排放量(t/a) 工业	城镇生活	非点源	合计	入河系数	入河量(t/a)	氨氮排放量(t/a) 工业	城镇生活	非点源	合计	入河系数	入河量(t/a)
双洎河新密郑开发利用区	双洎河新密排污控制区	2015	7335.0	1866.6	656.2	9857.8	0.75	7426.9	10269.9	10801.1	14366.4	35436.5	0.52	18292.7	2053.8	810.1	3112.7	5976.6	0.44	2602.4
		2020	7322.1	2497.1	601.7	10420.9	0.76	7915.5	10250.9	15081.1	12614.4	37947.1	0.57	21527.6	2050.2	1131.1	2733.1	5914.4	0.48	2818.4
		2030	6949.4	3366.5	555.0	10870.0	0.76	8308.2	9729.2	20314.4	10774.8	40818.4	0.62	25112.4	1945.8	1523.6	2334.5	5803.9	0.52	3009.0
	双洎河新密郑过渡区	2015	0.0	0.0	537.7	537.7	0.10	53.8	0.0	0.0	11769.1	11769.1	0.10	1176.9	0.0	0.0	2550.0	2550.0	0.10	255.0
		2020	0.0	0.0	492.9	492.9	0.10	49.3	0.0	0.0	10336.8	10336.8	0.10	1033.7	0.0	0.0	2239.6	2239.6	0.10	224.0
		2030	0.0	0.0	454.7	454.7	0.10	45.5	0.0	0.0	8803.8	8803.8	0.10	880.4	0.0	0.0	1907.5	1907.5	0.10	190.8
	双洎河新郑排污控制区	2015	5838.7	1334.9	264.7	7438.3	0.78	5765.4	8174.3	7723.4	5794.7	21692.3	0.61	13297.6	1634.8	579.3	1255.5	3469.6	0.55	1896.8
		2020	6599.0	2147.1	242.6	8988.7	0.78	7021.1	9238.6	12967.7	5080.8	27287.1	0.67	18273.1	1847.7	972.6	1100.8	3921.1	0.60	2366.3
		2030	7851.2	2943.9	223.8	11018.9	0.79	8658.5	10991.7	17764.4	4336.2	33092.3	0.71	23438.5	2198.3	1332.3	939.5	4470.1	0.65	2918.4
	双洎河新郑长葛过渡区	2015	0.0	0.0	10.6	10.6	0.10	1.1	0.0	0.0	232.1	232.1	0.10	23.2	0.0	0.0	50.3	50.3	0.10	5.0
		2020	0.0	0.0	9.7	9.7	0.10	1.0	0.0	0.0	219	219.0	0.10	21.9	0.0	0.0	47.5	47.5	0.10	4.8
		2030	0.0	0.0	8.9	8.9	0.10	0.9	0.0	0.0	175.2	175.2	0.10	17.5	0.0	0.0	38.0	38.0	0.10	3.8
贾鲁河郑州中牟开发利用区	贾鲁河郑州排污控制区	2015	9717.4	3612.0	85.5	13414.9	0.80	10672.1	13604.4	20898.4	1870.3	36373.1	0.76	27789.3	2720.9	1567.4	405.2	4693.5	0.74	3471.2
		2020	9937.6	3726.1	78.4	13742.1	0.80	10938.8	13912.6	22504.4	1664.4	38081.4	0.77	29300.0	2782.5	1687.8	360.6	4830.9	0.75	3612.3
		2030	9846.0	4272.3	72.3	14190.6	0.80	11301.9	13784.4	25780.7	1401.6	40966.7	0.78	31792.2	2756.9	1933.6	303.7	4994.2	0.76	3782.8
	贾鲁河郑州中牟过渡区	2015	0.0	334.9	97.8	432.7	0.64	277.7	0.0	1938.9	2141.8	4080.7	0.43	1765.3	0.0	145.4	464.1	609.5	0.27	162.7
		2020	0.0	345.5	89.5	435.0	0.66	285.4	0.0	2087.8	1883.4	3971.2	0.47	1858.6	0.0	156.6	408.1	564.7	0.29	166.1
		2030	0.0	396.2	82.7	478.9	0.68	325.2	0.0	2390.5	1620.6	4011.1	0.52	2074.5	0.0	179.3	351.1	530.4	0.34	178.6
	贾鲁河中牟农业用水区	2015	0.0	0.0	168.8	168.8	0.10	16.9	0.0	0.0	3696.7	3696.7	0.10	369.7	0.0	0.0	801.0	801.0	0.10	80.1
		2020	0.0	0.0	154.8	154.8	0.10	15.5	0.0	0.0	3241.2	3241.2	0.10	324.1	0.0	0.0	702.3	702.3	0.10	70.2
		2030	0.0	0.0	142.7	142.7	0.10	14.3	0.0	0.0	2759.4	2759.4	0.10	275.9	0.0	0.0	597.9	597.9	0.10	59.8

续表3-80

水功能区		水平年	废污水						COD						氨氮					
一级	二级		排放量(万t/a)				入河系数	入河量(万t/a)	排放量(t/a)				入河系数	入河量(t/a)	排放量(t/a)				入河系数	入河量(t/a)
			工业	城镇生活	非点源	合计			工业	城镇生活	非点源	合计			工业	城镇生活	非点源	合计		
贾鲁河郑州中牟开发利用区	贾鲁河中牟排污控制区	2015	2712.5	1299.1	13.9	4025.5	0.80	3210.7	7797.5	7516.1	306.6	11620.2	0.78	9081.5	759.5	563.7	66.4	1389.6	0.77	1065.2
		2020	2965.8	2101.2	12.8	5079.8	0.80	4054.9	4152.1	12690.3	262.8	17105.2	0.79	13500.2	830.4	951.8	56.9	1839.1	0.78	1431.5
		2030	3656.3	2866.2	11.8	6534.3	0.80	5219.2	5118.8	17295.4	219	22633.2	0.79	17953.3	1023.8	1297.2	47.5	2368.5	0.79	1861.6
	贾鲁河郑州中牟农业用水区	2015	0.0	0.0	181.7	181.7	0.10	18.2	0.0	0.0	3977	3977.0	0.10	397.7	0.0	0.0	861.7	861.7	0.10	86.2
		2020	0.0	0.0	166.6	166.6	0.10	16.7	0.0	0.0	3504	3504.0	0.10	350.4	0.0	0.0	759.2	759.2	0.10	75.9
		2030	0.0	0.0	153.7	153.7	0.10	15.4	0.0	0.0	2978.4	2978.4	0.10	297.8	0.0	0.0	645.3	645.3	0.10	64.5
魏河郑州中牟开发利用区	魏河郑州中牟开发农业利用区	2015	3298.0	602.9	154.3	4055.2	0.77	3136.2	4617.2	3489.4	3377	11483.6	0.59	6823.0	923.4	261.7	731.7	1916.8	0.53	1021.3
		2020	3372.8	621.9	141.4	4136.1	0.78	3209.9	4721.9	3755.1	2978.4	11455.4	0.62	7079.4	944.4	281.6	645.3	1871.3	0.56	1045.3
		2030	3341.8	713.2	130.5	4185.5	0.78	3257.1	4678.5	4303.6	2540.4	11522.5	0.65	7439.7	935.7	322.8	550.4	1808.9	0.59	1061.8
索须河荥阳郑州开阳排污郑州开发利用区	索须河荥阳渔业用水区	2015	0.0	0.0	104.2	104.2	0.10	10.4	0.0	0.0	2282	2282.0	0.10	228.2	0.0	0.0	494.4	494.4	0.10	49.4
		2020	0.0	0.0	95.5	95.5	0.10	9.6	0.0	0.0	2014.8	2014.8	0.10	201.5	0.0	0.0	436.5	436.5	0.10	43.7
		2030	0.0	0.0	88.1	88.1	0.10	8.8	0.0	0.0	1708.2	1708.2	0.10	170.8	0.0	0.0	370.1	370.1	0.10	37.0
	索须河荥阳郑州开阳排污控制区	2015	8637.5	1755.8	76.9	10470.2	0.79	8322.3	12092.5	10158.7	1681.9	23933.1	0.75	17969.2	2418.5	761.9	364.4	3544.8	0.73	2580.8
		2020	9416.6	2245.7	70.6	11732.9	0.80	9336.9	13183.2	13563.4	1489.2	28235.8	0.76	21546.2	2636.6	1017.3	322.7	3976.6	0.74	2955.4
		2030	9361.2	2820.2	65.1	12246.5	0.80	9751.6	13105.7	17017.9	1270.2	31393.8	0.77	24225.9	2621.1	1276.3	275.2	4172.6	0.75	3145.4
	索须河荥阳郑州过渡区	2015	0.0	0.0	336.9	336.9	0.10	33.7	0.0	0.0	7375.9	7375.9	0.10	737.6	0.0	0.0	1598.1	1598.1	0.10	159.8
		2020	0.0	0.0	308.9	308.9	0.10	30.9	0.0	0.0	6482.4	6482.4	0.10	648.2	0.0	0.0	1404.5	1404.5	0.10	140.5
		2030	0.0	0.0	285.0	285.0	0.10	28.5	0.0	0.0	5518.8	5518.8	0.10	551.9	0.0	0.0	1195.7	1195.7	0.10	119.6
七里河新郑郑州中牟开发利用区	七里河新郑郑州中牟农业用水区	2015	0.0	0.0	138.6	138.6	0.10	13.9	0.0	0.0	3035.3	3035.3	0.10	303.5	0.0	0.0	657.7	657.7	0.10	65.8
		2020	0.0	0.0	127.1	127.1	0.10	12.7	0.0	0.0	2671.8	2671.8	0.10	267.2	0.0	0.0	578.9	578.9	0.10	57.9
		2030	0.0	0.0	117.3	117.3	0.10	11.7	0.0	0.0	2277.6	2277.6	0.10	227.8	0.0	0.0	493.5	493.5	0.10	49.4

续表3-80

| 水功能区 | | 水平年 | 废污水 | | | | | | COD | | | | | | 氨氮 | | | | | |
一级	二级		排放量（万t/a）工业	城镇生活	非点源	合计	入河系数	入河量（万t/a）	排放量（t/a）工业	城镇生活	非点源	合计	入河系数	入河量（t/a）	排放量（t/a）工业	城镇生活	非点源	合计	入河系数	入河量（t/a）
七里河新郑郑州中牟开发利用区	七里河郑州排污控制区	2015	2 015.2	18 334.6	47.6	20 397.4	0.80	16 284.6	2 821.3	106 086.5	1 042.4	109 950.2	0.79	87 230.5	564.3	7 956.5	225.9	8 746.7	0.78	6 839.2
		2020	2 061.0	18 914.4	43.6	21 019.0	0.80	16 784.7	2 885.4	114 239.2	919.8	118 044.4	0.79	93 791.7	577.1	8 567.9	199.8	9 344.3	0.79	7 335.9
		2030	2 041.9	21 686.7	40.2	23 768.8	0.80	18 986.9	2 858.7	130 864.7	788.4	134 511.8	0.80	107 057.6	571.7	9 814.9	170.8	10 557.4	0.79	8 326.4
	七里河郑州中牟过渡区	2015	0.0	0.0	83.4	83.4	0.10	8.3	0.0	0.0	1 826.5	1 826.5	0.10	182.7	0.0	0.0	395.7	395.7	0.10	39.6
		2020	0.0	0.0	76.4	76.4	0.10	7.6	0.0	0.0	1 620.6	1 620.6	0.10	162.1	0.0	0.0	351.1	351.1	0.10	35.1
		2030	0.0	0.0	70.4	70.4	0.10	7.0	0.0	0.0	1 357.8	1 357.8	0.10	135.8	0.0	0.0	294.2	294.2	0.10	29.4
潮河新郑郑州开发利用区	潮河新郑郑州农业利用水区	2015	1 274.1	341.9	202.8	1 818.8	0.72	1 313.1	1 783.7	1 979.8	4 441.3	8 204.8	0.42	3 454.9	356.7	148.5	962.3	1 467.5	0.34	500.4
		2020	1 302.9	352.7	186.0	1 841.6	0.73	1 343.1	1 824.1	2 128.7	3 898.2	7 851.0	0.45	3 552.1	364.8	159.7	844.6	1 369.1	0.37	504.1
		2030	1 290.8	404.3	171.6	1 866.7	0.74	1 373.2	1 807.1	2 439.6	3 328.8	7 575.5	0.49	3 730.2	361.4	183.0	721.2	1 265.6	0.40	507.6
东风渠郑州发利用区	东风渠郑州景观娱乐用水区	2015	0.0	0.0	146.5	146.5	0.10	14.7	0.0	0.0	3 206.2	3 206.2	0.10	320.6	0.0	0.0	694.7	694.7	0.10	69.5
		2020	0.0	0.0	134.2	134.2	0.10	13.4	0.0	0.0	2 803.2	2 803.2	0.10	280.3	0.0	0.0	607.4	607.4	0.10	60.7
		2030	0.0	0.0	123.8	123.8	0.10	12.4	0.0	0.0	2 409.0	2 409.0	0.10	240.9	0.0	0.0	522.0	522.0	0.10	52.2
金水河郑州发利用区	金水河郑州景观娱乐用水区	2015	0.0	0.0	146.9	146.9	0.10	14.7	0.0	0.0	3 214.9	3 214.9	0.10	321.5	0.0	0.0	696.6	696.6	0.10	69.7
		2020	0.0	0.0	134.7	134.7	0.10	13.5	0.0	0.0	2 847.0	2 847.0	0.10	284.7	0.0	0.0	616.9	616.9	0.10	61.7
		2030	0.0	0.0	124.3	124.3	0.10	12.4	0.0	0.0	2 409.0	2 409.0	0.10	240.9	0.0	0.0	522.0	522.0	0.10	52.2
熊耳河郑州发利用区	熊耳河郑州景观娱乐用水区	2015	0.0	0.0	119.6	119.6	0.10	12.0	0.0	0.0	2 619.2	2 619.2	0.10	261.9	0.0	0.0	567.5	567.5	0.10	56.8
		2020	0.0	0.0	109.6	109.6	0.10	11.0	0.0	0.0	2 277.6	2 277.6	0.10	227.8	0.0	0.0	493.5	493.5	0.10	49.4
		2030	0.0	0.0	101.1	101.1	0.10	10.1	0.0	0.0	1 971.0	1 971.0	0.10	197.1	0.0	0.0	427.1	427.1	0.10	42.7

选择适当的水量水质模型进行计算。排污控制区水质目标参考下一级水功能区水质目标考虑。

(二)计算模型

1. 河流水功能区纳污能力计算方法

郑州市境内各主要河道较窄,污染物在较短时间内即可混合均匀,因此可采用概化的一维模型进行水功能区纳污能力计算。计算公式见《水域纳污能力计算规程》(GB/T 25173—2010)。

2. 湖库水功能区纳污能力计算方法

郑州市各饮用水水源区内的湖库及各水库饮用水水源区均已规划为饮用水水源一级保护区(包括坞罗水库、后寺河水库、丁店水库、李湾水库、尖岗水库、常庄水库、西流湖、少林水库、券门水库、纸坊水库、老观寨水库、望京楼水库),在 2010 年内应全部取缔饮用水水源一级保护区内排污口,可不进行水功能区纳污能力计算。对于没有纳入水环境管理的孤立的、没有排污口的小型湖泊,如后湖水库和唐岗水库,也不参与本次纳污能力计算。因此,只对楚楼水库、河王水库和白沙水库进行纳污能力计算。

白沙水库水流较缓,按照湖库水质模型计算其纳污能力,计算设计库容 900 万 m^3,纳污能力采用河南省计算结果。楚楼水库和河王水库库型狭长,库容较小,可概化为河流,按照河流纳污能力计算方法进行。

(三)纳污能力计算参数的确定

(1)水文设计条件:依照《水域纳污能力计算规程》(GB/T 25173—2010),根据郑州市实际情况适当调整设计保证率,取 75% 频率最枯月平均流量(水量)作为枯水期设计流量。本次计算采用《郑州市水资源综合规划》中的现状年和规划水平年(2030 年)确定的 $P = 75\%$ 频率最枯月的水文设计条件。

(2)控制因子:根据郑州市水污染现状和水污染物总量控制现状,选择 COD 和氨氮作为纳污能力计算的主要控制因子。

(3)综合衰减系数 k:由于缺乏郑州市地表水水体降解系数的相关调查和试验资料,各水功能区水体自净能力不详,综合衰减系数 k 值采用《淮河流域及山东半岛水资源保护规划》分析成果,即 COD 的 k 值:$k = 0.050 + 0.68u$(u 为河段河流流速);氨氮的 k 值:$k = 0.061 + 0.551u$(u 为河段河流流速)。

(4)水质目标(C_s)和本底浓度(初始浓度值 C_0):按《水域纳污能力计算规程》(GB/T 25173—2010)中的规定计算。

（四）水功能区纳污能力计算

根据计算结果,现状年郑州市地表水纳污能力为:COD_{Cr} 12 576 t/a,氨氮746 t/a;2015 规划水平年郑州市地表水纳污能力为:COD_{Cr} 20 956 t/a,氨氮1 266 t/a;2020 规划水平年郑州市地表水纳污能力为:COD_{Cr} 21 402 t/a,氨氮1 254 t/a;2030 规划水平年郑州市地表水纳污能力为:COD_{Cr} 23 460 t/a,氨氮1 407 t/a。郑州市各水功能区纳污能力见表3-81。

表 3-81　郑州市水功能区纳污能力计算

二级功能区名称	水平年	衰减系数 k		75%频率最枯月		控制目标水质浓度 C_s(mg/L)		纳污能力(t/a)	
		COD	氨氮	设计流量(m³/s)	设计流速(m/s)	COD	氨氮	COD	氨氮
汜水河巩义排污控制区	现状	0.138	0.133	0.2	0.13	40	2	85.9	4.1
	2015	0.084	0.089	0.045	0.05	40	2	662.1	34.9
	2020	0.084	0.089	0.045	0.05	40	2	785.0	41.4
	2030	0.084	0.089	0.045	0.05	40	2	757.7	40.0
汜水河荥阳过渡区	现状	0.138	0.133	0.200	0.13	40	2	54.5	2.6
	2015	0.084	0.089	0.045	0.05	40	2	534.8	28.2
	2020	0.084	0.089	0.045	0.05	40	2	612.5	32.3
	2030	0.084	0.089	0.045	0.05	40	2	603.8	31.8
枯河荥阳郑州农业用水区	现状	0.118	0.116	0.088	0.10	30	1.5	46.8	2.3
	2015	0.104	0.105	0.047	0.08	30	1.5	33.6	1.7
	2020	0.104	0.105	0.047	0.08	30	1.5	33.6	1.7
	2030	0.104	0.105	0.047	0.08	30	1.5	33.6	1.7
颍河登封工业用水区	现状	0.138	0.133	0.22	0.13	5	0.15	556.3	30.5
	2015	0.132	0.127	0.20	0.12	5	0.15	553.3	30.3
	2020	0.132	0.127	0.20	0.12	5	0.15	625.9	34.3
	2030	0.132	0.127	0.20	0.12	5	0.15	788.0	43.2
颍河登封排污控制区	现状	0.138	0.133	0.22	0.13	20	1	131.8	6.5
	2015	0.132	0.127	0.20	0.12	20	1	121.1	6.0
	2020	0.132	0.127	0.20	0.12	20	1	136.0	6.7
	2030	0.132	0.127	0.20	0.12	20	1	174.7	8.7
颍河登封过渡区	现状	0.172	0.160	0.31	0.18	20	1.1	91.7	3.9
	2015	0.166	0.155	0.27	0.17	20	1.1	104.3	4.5
	2020	0.166	0.155	0.27	0.17	20	1.1	115.1	4.9
	2030	0.166	0.155	0.27	0.17	20	1.1	147.6	6.3
颍河白沙水库景观娱乐用水区	现状	0.363	0.314	0.34	0.46	20	1	821.3	100.2
	2015	0.166	0.155	0.27	0.17	20	1	821.3	100.2
	2020	0.166	0.155	0.27	0.17	20	1	821.3	100.2
	2030	0.166	0.155	0.27	0.17	20	1	821.3	100.2

续表 3-81

二级功能区名称	水平年	衰减系数 k		75%频率最枯月		控制目标水质浓度 C_s(mg/L)		纳污能力(t/a)	
		COD	氨氮	设计流量(m³/s)	设计流速(m/s)	COD	氨氮	COD	氨氮
双泊河新密排污控制区	现状	0.363	0.314	0.340	0.46	15	0.5	2 203.2	118.5
	2015	0.152	0.144	0.065	0.15	15	0.5	2 432.2	149.1
	2020	0.152	0.144	0.065	0.15	15	0.5	2 583.0	158.4
	2030	0.152	0.144	0.065	0.15	15	0.5	2 713.6	166.4
双泊河新密新郑过渡区	现状	0.580	0.491	0.58	0.78	30	1.5	30.3	0.4
	2015	0.560	0.474	0.39	0.75	30	1.5	28.4	0.5
	2020	0.560	0.474	0.39	0.75	30	1.5	30.0	0.5
	2030	0.560	0.474	0.39	0.75	30	1.5	31.3	0.6
双泊河新郑排污控制区	现状	0.580	0.491	0.58	0.78	30	1.5	498.8	15.9
	2015	0.560	0.474	0.39	0.75	30	1.5	622.1	19.9
	2020	0.560	0.474	0.39	0.75	30	1.5	696.7	22.3
	2030	0.560	0.474	0.39	0.75	30	1.5	783.4	25.0
贾鲁河郑州排污控制区	现状	0.077	0.083	0.51	0.040	15	0.5	1 339.3	76.5
	2015	0.072	0.079	0.30	0.032	15	0.5	4 234.4	241.9
	2020	0.072	0.079	0.30	0.032	15	0.5	4 337.9	247.8
	2030	0.072	0.079	0.30	0.032	15	0.5	4 464.5	255.0
贾鲁河郑州中牟过渡区	现状	0.138	0.133	1.61	0.13	40	2	648.6	22.8
	2015	0.125	0.122	1.01	0.11	40	2	1 301.5	63.4
	2020	0.125	0.122	1.01	0.11	40	2	1 327.7	64.7
	2030	0.125	0.122	1.01	0.11	40	2	1 365.4	66.5
贾鲁河中牟农业用水区	现状	0.254	0.226	3.34	0.30	40	1.9	41.1	6.6
	2015	0.200	0.182	2.05	0.22	40	2	177.6	0.6
	2020	0.200	0.182	2.05	0.22	40	2	180.5	0.6
	2030	0.200	0.182	2.05	0.22	40	2	184.6	0.6
贾鲁河中牟排污控制区	现状	0.254	0.226	3.34	0.30	30	1.5	1 736.1	69.9
	2015	0.200	0.182	2.05	0.22	30	1.5	2 252.1	111.8
	2020	0.200	0.182	2.05	0.22	30	1.5	2 376.1	117.9
	2030	0.200	0.182	2.05	0.22	30	1.5	2 548.3	126.5
贾鲁河郑州中牟农业用水区	现状	0.254	0.226	3.34	0.30	40	1.9	192.1	14.4
	2015	0.200	0.182	2.05	0.22	40	2	383.5	8.5
	2020	0.200	0.182	2.05	0.22	40	2	404.0	9.0
	2030	0.200	0.182	2.05	0.22	40	2	433.3	9.7
魏河郑州中牟农业用水区	现状	0.067	0.075	0.26	0.025	30	1.5	116.4	12.2
	2015	0.060	0.069	0.10	0.014	30	1.5	432.8	51.5
	2020	0.060	0.069	0.10	0.014	30	1.5	444.7	53.0
	2030	0.060	0.069	0.10	0.014	30	1.5	448.6	53.4

续表 3-81

二级功能区名称	水平年	衰减系数 k		75%频率最枯月		控制目标水质浓度 C_s(mg/L)		纳污能力(t/a)	
		COD	氨氮	设计流量(m^3/s)	设计流速(m/s)	COD	氨氮	COD	氨氮
索须河荥阳渔业用水区	现状	0.061	0.070	0.15	0.016	15	0.5	51.4	3.8
	2015	0.059	0.068	0.11	0.013	15	0.5	41.7	3.0
	2020	0.059	0.068	0.11	0.013	15	0.5	41.7	3.0
	2030	0.059	0.068	0.11	0.013	15	0.5	41.7	3.0
索须河荥阳排污控制区	现状	0.061	0.070	0.15	0.016	20	1	735.9	40.1
	2015	0.059	0.068	0.11	0.013	20	1	2 021.3	122.5
	2020	0.059	0.068	0.11	0.013	20	1	2 166.4	131.3
	2030	0.059	0.068	0.11	0.013	20	1	2 342.7	142.0
索须河荥阳郑州过渡区	现状	0.098	0.100	0.69	0.070	40	2	539.3	41.4
	2015	0.089	0.093	0.54	0.058	40	2	887.8	95.2
	2020	0.089	0.093	0.54	0.058	40	2	204.3	21.9
	2030	0.089	0.093	0.54	0.058	40	2	1 002.9	107.6
七里河新郑郑州农业用水区	现状	0.070	0.078	0.42	0.030	30	1.5	305.2	23.3
	2015	0.067	0.075	0.23	0.025	30	1.5	103.0	9.6
	2020	0.067	0.075	0.23	0.025	30	1.5	103.0	9.6
	2030	0.067	0.075	0.23	0.025	30	1.5	103.0	9.6
七里河郑州排污控制区	现状	0.070	0.078	0.42	0.030	30	1.5	1 476.6	85.1
	2015	0.067	0.075	0.23	0.025	30	1.5	2 705.9	134.4
	2020	0.067	0.075	0.23	0.025	30	1.5	2 866.6	142.4
	2030	0.067	0.075	0.23	0.025	30	1.5	3 137.6	155.8
七里河郑州中牟过渡区	现状	0.111	0.111	1.08	0.090	30	1.8	295.7	7.5
	2015	0.102	0.103	0.72	0.077	30	1.8	120.7	15.0
	2020	0.102	0.103	0.72	0.077	30	1.8	123.9	15.4
	2030	0.102	0.103	0.72	0.077	30	1.8	138.5	17.3
潮河新郑郑州农业用水区	现状	0.200	0.182	0.26	0.22	30	1.5	165.1	7.5
	2015	0.172	0.160	0.16	0.18	30	1.5	222.3	10.3
	2020	0.172	0.160	0.16	0.18	30	1.5	226.1	10.5
	2030	0.172	0.160	0.16	0.18	30	1.5	230.0	10.7
东风渠郑州景观娱乐用水区	现状	0.067	0.075	0.34	0.025	30	1.5	152.2	15.1
	2015	0.064	0.072	0.19	0.020	30	1.5	80.7	9.5
	2020	0.064	0.072	0.19	0.020	30	1.5	80.7	9.5
	2030	0.064	0.072	0.19	0.020	30	1.5	80.7	9.5
金水河郑州景观娱乐用水区	现状	0.057	0.067	0.220	0.010	30	1.5	133.3	16.1
	2015	0.055	0.065	0.072	0.008	30	1.5	26.6	3.2
	2020	0.055	0.065	0.072	0.008	30	1.5	26.6	3.2
	2030	0.055	0.065	0.072	0.008	30	1.5	26.6	3.2

续表 3-81

二级功能区名称	水平年	衰减系数 k		75%频率最枯月		控制目标水质浓度 C_s(mg/L)		纳污能力 (t/a)	
		COD	氨氮	设计流量 (m^3/s)	设计流速 (m/s)	COD	氨氮	COD	氨氮
熊儿河郑州景观娱乐用水区	现状	0.057	0.067	0.220	0.010	30	1.5	107.5	13.0
	2015	0.055	0.065	0.072	0.008	30	1.5	26.6	3.2
	2020	0.055	0.065	0.072	0.008	30	1.5	26.6	3.2
	2030	0.055	0.065	0.072	0.008	30	1.5	26.6	3.2

（五）污染物入河控制量计算与分解

对于污染物入河量超过水域纳污能力的水功能区,应根据水域纳污能力和水污染治理状况,以小于污染物入河量的某一控制量或水域纳污能力作为污染物入河控制量,并结合区域经济社会发展、水资源利用与保护、水污染防治等特点分析其合理性。

污染物入河控制量分解方案:在核定水域纳污能力的基础上,结合《郑州市水资源综合规划》和河南省综合规划修编成果、区域经济技术水平、河流水资源配置等因素,严格控制入河排污总量,综合确定水功能区各规划水平年污染物入河量控制方案,并分解到县级行政单元,有条件的可分配到水功能区内各入河排污口。

根据水功能区污染物入河控制量拟订各规划水平年污染物入河量的空间分解方案。根据水功能区对应的行政区,将限制排污总量按照不同行政单元分解,其分解原则如下:

（1）对于水功能区对应的陆域范围属于同一行政区内的,根据水功能区与行政单元进行分解。

（2）对于水功能区对应的陆域范围属于不同行政区内的,原则上按照水功能区所在行政区的长度比例进行分解,或者按照不同行政区对于水功能区污染贡献程度划定权重进行分解。可采用直接分解法和间接分解法。

直接分解法:调查各入河排污口的污染物入河量,按排污口分布及其对水功能区污染物贡献大小进行分解。

间接分解法:一般来说,污染物量与人口数量(生活污染)、耕地面积(农业面源污染)、工业生产总值(工业污染)正相关,可以根据各水功能区入河排污口对应陆域人口数量、耕地面积、GDP 总量(或工业生产总值)等社会经济指标,拟定不同的权重系数,对限排总量进行间接分解。

经计算,郑州市各行政分区和水功能区污染物入河总量控制与排放量见表 3-82、表 3-83。

表3-82 各行政分区污染物入河总量控制成果

（单位：t/a）

行政分区	水平年	COD					氨氮				
		排放量	入河量	纳污能力	人河控制量	入河削减量	排放量	入河量	纳污能力	入河控制量	入河削减量
新密市	2015	40 653.8	18 779.6	2 446.4		16 333.2	7 119.4	2 717.8	149.4		2 568.4
	2020	40 397.2	20 811.1	2 598.0		18 213.1	6 679.2	2 850.3	158.6		2 691.7
	2030	40 752.9	21 859.1	2 729.2		19 129.9	6 488.0	2 862.7	166.7		2 696.0
新郑市	2015	35 461.2	18 310.7	1 297.2		17 013.5	5 981.5	2 605.9	61.7		2 544.2
	2020	36 081.8	20 072.2	1 406.6		18 665.6	5 855.4	2 779.2	66.3		2 712.9
	2030	37 320.2	21 765.0	1 550.3		20 214.7	5 867.8	2 941.1	72.5		2 868.6
荥阳市	2015	33 082.6	17 387.6	3 526.3		13 861.3	5 613.9	2 524.2	217.2		2 307.0
	2020	34 131.3	18 973.5	3 666.9		15 306.6	5 654.9	2 718.7	214.6		2 504.1
	2030	35 606.6	21 188.1	4 046.7		17 141.4	5 681.8	2 964.5	249.1		2 715.4
登封市	2015	35 311.1	16 277.7	1 600.0		14 677.7	6 272.2	2 424.0	141.0		2 283.0
	2020	35 612.1	17 758.7	1 698.3		16 060.4	6 100.4	2 555.3	146.2		2 409.1
	2030	37 276.1	20 806.9	1 931.6		18 875.3	6 060.2	2 895.0	158.4		2 736.6
中牟县	2015	31 350.8	12 532.8	2 746.4		9 786.4	5 442.0	1 634.9	124.3		1 510.6
	2020	31 632.0	13 378.2	2 889.0		10 489.2	5 351.2	1 696.7	131.0		1 565.7
	2030	32 486.5	16 284.7	3 091.7		13 193.0	5 065.9	1 950.1	140.7		1 809.4
郑州市区	2015	150 655.4	109 057.5	9 183.4		99 874.1	15 709.2	10 082.8	566.2		9 516.6
	2020	158 434.0	116 724.4	8 980.9		107 743.5	16 073.2	10 686.9	530.3		10 156.6
	2030	183 585.1	138 314.0	9 937.7		128 376.3	17 572.0	12 204.3	611.9		11 592.4
航空港区	2015	13 811.3	8 688.3	122.2		8 566.1	1 822.0	946.1	4.8		941.3
	2020	26 868.3	20 268.2	129.2		20 139.0	2 628.9	1 837.4	5.1		1 832.3
	2030	29 692.2	23 753.8	138.9		23 614.9	2 799.4	2 239.5	5.6		2 233.9
上街区	2015	6 564.8	4 926.0	33.6		4 892.4	855.7	614.0	1.7		612.3
	2020	6 680.0	5 037.0	33.6		5 003.4	857.9	619.9	1.7		618.2
	2030	7 214.6	5 534.1	33.6		5 500.5	911.1	677.5	1.7		675.8
全市	2015	346 891.0	205 960.2	20 955.5	0.0	185 004.7	48 815.9	23 549.7	1 266.3	0.0	22 283.4
	2020	369 836.7	233 023.3	21 402.5	0.0	211 620.8	49 201.1	25 744.4	1 253.8	0.0	24 490.6
	2030	403 934.2	269 505.7	23 459.7	0.0	246 046.0	50 446.2	28 734.7	1 406.6	0.0	27 328.1

表3-83 水功能区污染物入河总量控制成果

(单位:t/a)

水功能区		水平年	COD					氨氮				
一级	二级		排放量	入河量	纳污能力	入河控制量	入河削减量	排放量	入河量	纳污能力	入河控制量	入河削减量
汜水河巩义荥阳开发利用区	汜水河巩义义排污控制区	2015	1 651.9	677.7	662.1		15.6	345.7	137.1	34.9		102.2
		2020	1 488.0	638.5	785.0	146.5		310.7	129.0	41.4		87.6
		2030	1 444.3	664.9	757.7	92.8		300.5	134.1	40.0		94.1
	汜水河荥阳过渡区	2015	4 286.0	1 408.3	534.8		873.5	905.3	286.5	28.2		258.3
		2020	3 975.7	1 402.3	612.5		789.8	837.5	284.7	32.3		252.4
		2030	3 636.9	1 407.2	603.8		803.4	763.1	285.0	31.8		253.2
枯河荥阳郑州开发利用区	枯河荥阳郑州农业用水区	2015	6 697.0	669.7	33.6		636.1	1 451.0	145.1	1.7		143.4
		2020	5 869.2	586.9	33.6		553.3	1 271.7	127.2	1.7		125.5
		2030	5 037.0	503.7	33.6		470.1	1 091.4	109.1	1.7		107.4
颍河登封开发利用区	颍河登封工业用水区	2015	14 139.7	7 240.1	553.3		6 686.8	2 265.3	930.0	30.3		899.7
		2020	16 094.2	9 288.1	625.9		8 662.2	2 334.8	1 090.6	34.3		1 056.3
		2030	18 941.6	12 087.3	788.0		11 299.3	2 568.9	1 390.8	43.2		1 347.6
	颍河登封排污控制区	2015	5 172.7	3 574.0	121.1		3 452.9	765.1	489.9	6.0		483.9
		2020	6 242.9	4 503.8	136.0		4 367.8	844.8	569.6	6.7		562.9
		2030	7 960.2	5 938.9	174.7		5 764.2	1 048.3	745.6	8.7		736.9
	颍河登封过渡区	2015	7 605.1	2 233.2	104.3		2 128.9	1 612.7	455.8	4.5		451.3
		2020	7 037.1	2 257.1	115.1		2 142.0	1 487.7	459.4	4.9		454.5
		2030	7 032.3	2 743.8	147.6		2 596.2	1 475.1	555.6	6.3		549.3
	颍河登封景观娱乐用水区	2015	1 331.5	133.2	821.3	688.1		288.5	28.9	100.2	71.3	
		2020	1 182.6	118.3	821.3	703.0		256.2	25.6	100.2	74.6	
		2030	1 007.4	100.7	821.3	720.6		218.3	21.8	100.2	78.4	
双洎河新密新郑开发利用区	双洎河新密排污控制区	2015	35 436.5	18 292.7	2 432.2		15 860.5	5 976.6	2 602.4	149.1		2 453.3
		2020	37 947.1	21 527.6	2 583.0		18 944.6	5 914.4	2 818.4	158.4		2 660.0
		2030	40 818.4	25 112.4	2 713.6		22 398.8	5 803.9	3 009.0	166.4		2 842.6

续表 3-83

| 水功能区 | | 水平年 | COD | | | | | 氨氮 | | | | |
一级	二级		排放量	入河量	纳污能力	入河控制量	入河削减量	排放量	入河量	纳污能力	入河控制量	入河削减量
双洎河新密新郑开发利用区	双洎河新密新郑过渡区	2015	11 769.1	1 176.9	28.4		1 148.5	2 550.0	255.0	0.5		254.5
		2020	10 336.8	1 033.7	30.0		1 003.7	2 239.6	224.0	0.5		223.5
		2030	8 803.8	880.4	31.3		849.1	1 907.5	190.8	0.6		190.2
	双洎河新郑排污控制区	2015	21 692.3	13 297.6	622.1		12 675.5	3 469.6	1 896.8	19.9		1 876.9
		2020	27 287.1	18 273.1	696.7		17 576.4	3 921.1	2 366.3	22.3		2 344.0
		2030	33 092.3	23 438.5	783.4		22 655.1	4 470.1	2 918.4	25.0		2 893.4
	双洎河新郑长葛过渡区	2015	232.1	23.2	23.9	0.7		50.3	5.0	7.3	2.3	
		2020	219.0	21.9	26.6	4.7		47.5	4.8	8.1	3.3	
		2030	175.2	17.5	29.7	12.2		38.0	3.8	9.1	5.3	
贾鲁河郑州中牟开发利用区	贾鲁河郑州	2015	36 373.1	27 789.3	4 234.4		23 554.9	4 693.5	3 471.2	241.9		3 229.3
		2020	38 081.4	29 300.0	4 337.9		24 962.1	4 830.9	3 612.3	247.8		3 364.5
		2030	40 966.7	31 792.2	4 464.5		27 327.7	4 994.2	3 782.8	255.0		3 527.8
	贾鲁河郑州中牟过渡区	2015	4 080.7	1 765.3	1 301.5		463.8	609.5	162.7	63.4		99.3
		2020	3 971.2	1 858.6	1 327.7		530.9	564.7	166.1	64.7		101.4
		2030	4 011.1	2 074.5	1 365.4		709.1	530.4	178.6	66.5		112.1
	贾鲁河中牟农业用水区	2015	3 696.7	369.7	177.6		192.1	801.0	80.1	0.6		79.5
		2020	3 241.2	324.1	180.5		143.6	702.3	70.2	0.6		69.6
		2030	2 759.4	275.9	184.6		91.3	597.9	59.8	0.6		59.2
	贾鲁河中牟排污控制区	2015	11 620.2	9 081.5	2 252.1		6 829.4	1 389.6	1 065.2	111.8		953.4
		2020	17 105.2	13 500.2	2 376.1		11 124.1	1 839.1	1 431.5	117.9		1 313.6
		2030	22 633.2	17 953.3	2 548.3		15 405.0	2 368.5	1 861.6	126.5		1 735.1
	贾鲁河郑州中牟农业用水区	2015	3 977.0	397.7	383.5		14.2	861.7	86.2	8.5		77.7
		2020	3 504.0	350.4	404.0	53.6		759.2	75.9	9.0		66.9
		2030	2 978.4	297.8	433.3	135.5		645.3	64.5	9.7		54.8

续表3-83

水功能区		水平年	COD					氨氮				
一级	二级		排放量	入河量	纳污能力	入河控制量	入河削减量	排放量	入河量	纳污能力	入河控制量	入河削减量
魏河郑州中牟开发利用区	魏河郑州中牟农业用水区	2015	11 483.6	6 823.0	432.8		6 390.2	1 916.8	1 021.3	51.5		969.8
		2020	11 455.4	7 079.4	444.7		6 634.7	1 871.3	1 045.3	53.0		992.3
		2030	11 522.5	7 439.7	448.6		6 991.1	1 808.9	1 061.8	53.4		1 008.4
索须河荥阳郑州开发利用区	索须河荥阳渔业用水区	2015	2 282.0	228.2	41.7		186.5	494.4	49.4	3.0		46.4
		2020	2 014.8	201.5	41.7		159.8	436.5	43.7	3.0		40.7
		2030	1 708.2	170.8	41.7		129.1	370.1	37.0	3.0		34.0
	索须河荥阳排污控制区	2015	23 933.1	17 969.2	2 021.3		15 947.9	3 544.8	2 580.8	122.5		2 458.3
		2020	28 235.8	21 546.2	2 166.4		19 379.8	3 976.6	2 955.4	131.3		2 824.1
		2030	31 393.8	24 225.9	2 342.7		21 883.2	4 172.6	3 145.4	142.0		3 003.4
	索须河荥阳郑州过渡区	2015	7 375.9	737.6	887.8	150.2		1 598.1	159.8	95.2		64.6
		2020	6 482.4	648.2	204.3		443.9	1 404.5	140.5	21.9		118.6
		2030	5 518.8	551.9	1 002.9	451.0		1 195.7	119.6	107.6		12.0
七里河新郑郑州中牟开发利用区	七里河郑州郑州农业用水区	2015	3 035.3	303.5	103.0		200.5	657.7	65.8	9.6		56.2
		2020	2 671.8	267.2	103.0		164.2	578.9	57.9	9.6		48.3
		2030	2 277.6	227.8	103.0		124.8	493.5	49.4	9.6		39.8
	七里河郑州排污控制区	2015	109 950.2	87 230.5	2 705.9		84 524.6	8 746.7	6 839.2	134.4		6 704.8
		2020	118 044.4	93 791.7	2 866.6		90 925.1	9 344.3	7 335.9	142.4		7 193.5
		2030	134 511.8	107 057.6	3 137.6		103 920.0	10 557.4	8 326.4	155.8		8 170.6
	七里河郑州中牟过渡区	2015	1 826.5	182.7	120.7		62.0	395.7	39.6	15.0		24.6
		2020	1 620.6	162.1	123.9		38.2	351.1	35.1	15.4		19.7
		2030	1 357.8	135.8	138.5	2.7		294.2	29.4	17.3		12.1

续表 3-83

| 水功能区 | | 水平年 | COD | | | | | 氨氮 | | | | |
一级	二级		排放量	入河量	纳污能力	入河控制量	入河削减量	排放量	入河量	纳污能力	入河控制量	入河削减量
潮河新郑郑州开发利用区	潮河新郑郑州农业用水区	2015	8 204.8	3 454.9	222.3		3 232.6	1 467.5	500.4	10.3		490.1
		2020	7 851.0	3 552.1	226.1		3 326.0	1 369.1	504.1	10.5		493.6
		2030	7 575.5	3 730.2	230.0		3 500.2	1 265.6	507.6	10.7		496.9
东风渠郑州开发利用区	东风渠郑州景观娱乐用水区	2015	3 206.2	320.6	80.7		239.9	694.7	69.5	9.5		60.0
		2020	2 803.2	280.3	80.7		199.6	607.4	60.7	9.5		51.2
		2030	2 409.0	240.9	80.7		160.2	522.0	52.2	9.5		42.7
金水河郑州开发利用区	金水河郑州景观娱乐用水区	2015	3 214.9	321.5	26.6		294.9	696.6	69.7	3.2		66.5
		2020	2 847.0	284.7	26.6		258.1	616.9	61.7	3.2		58.5
		2030	2 409.0	240.9	26.6		214.3	522.0	52.2	3.2		49.0
熊耳河郑州开发利用区	熊耳河郑州景观娱乐用水区	2015	2 619.2	261.9	26.6		235.3	567.5	56.8	3.2		53.6
		2020	2 277.6	227.8	26.6		201.2	493.5	49.4	3.2		46.2
		2030	1 971.0	197.1	26.6		170.5	427.1	42.7	3.2		39.5

（六）限制纳污红线指标的确定

根据以上分析计算结果，确定郑州各县（市、区）的限制纳污红线指标为废污水入河总量、主要污染物的最大允许纳污量（纳污能力）和限排总量（入河削减量）。主要污染物为化学需氧量（COD）、氨氮，见表3-84。

表3-84　各行政分区限制纳污红线指标

行政分区	水平年	废污水入河量（万 t/a）	COD(t/a)			氨氮(t/a)		
			入河量	最大允许纳污量	限排总量	入河量	最大允许纳污量	限排总量
新密市	2015	7 319.2	18 779.6	2 446.4	16 333.2	2 717.8	149.4	2 568.4
	2020	7 742.2	20 811.1	2 598.0	18 213.1	2 850.3	158.6	2 691.7
	2030	7 724.4	21 859.1	2 729.2	19 129.9	2 862.7	166.7	2 696.0
新郑市	2015	7 246.7	18 310.7	1 297.2	17 013.5	2 605.9	61.7	2 544.2
	2020	7 823.3	20 072.2	1 406.6	18 665.6	2 779.2	66.3	2 712.9
	2030	8 352.4	21 765.0	1 550.3	20 214.7	2 941.1	72.5	2 868.6
荥阳市	2015	7 186.0	17 387.6	3 526.3	13 861.3	2 524.2	217.2	2 307.0
	2020	7 846.1	18 973.2	3 666.9	15 306.6	2 718.7	214.6	2 504.1
	2030	8 680.3	21 188.1	4 046.7	17 141.4	2 964.5	249.1	2 715.4
登封市	2015	6 569.6	16 277.7	1 600.0	14 677.7	2 424.0	141.0	2 283.0
	2020	7 002.2	17 758.6	1 698.2	16 060.4	2 555.3	146.2	2 409.1
	2030	8 129.5	20 806.9	1 931.6	18 875.3	2 895.0	158.4	2 736.6
中牟县	2015	3 700.9	12 532.8	2 746.4	9 786.4	1 634.9	124.3	1 510.6
	2020	3 906.9	13 378.2	2 889.0	10 489.2	1 696.7	131.0	1 565.7
	2030	4 705.1	16 284.7	3 091.7	13 193.0	1 950.1	140.7	1 809.4
郑州市区	2015	27 152.6	109 057.5	9 183.4	99 874.1	10 082.8	566.2	9 516.6
	2020	28 495.0	116 724.4	8 980.9	107 743.5	10 686.9	530.3	10 156.6
	2030	31 938.8	138 314.0	9 937.7	128 376.3	12 204.3	611.9	11 592.4
航空港区	2015	2 140.4	8 688.3	122.2	8 566.1	946.1	4.8	941.3
	2020	3 600.0	20 268.6	129.2	20 139.4	1 837.4	5.1	1 832.3
	2030	4 884.7	23 753.8	138.9	23 614.9	2 239.5	5.6	2 233.9
上街区	2015	1 805.9	4 926.0	33.6	4 892.4	614.0	1.7	612.3
	2020	1 816.6	5 037.0	33.6	5 003.4	619.9	1.7	618.2
	2030	2 005.3	5 534.1	33.6	5 500.5	677.5	1.7	675.8
全市	2015	63 121.3	205 960.2	20 955.5	185 004.7	23 549.7	1 266.3	22 283.4
	2020	68 232.3	233 023.3	21 402.5	211 620.8	25 744.4	1 253.8	24 490.6
	2030	76 420.5	269 505.7	23 459.7	246 046.0	28 734.7	1 406.6	27 328.1

八、大型饮用水水源地水质达标率目标

根据《郑州市环境保护"十二五"规划》制定的目标，郑州市城市饮用水水源地水质达标率2015年达到98%以上，2020年达到100%。

(一)污水处理工程规划

"十二五"期间,郑州市规划新建、改扩建污水处理工程 39 处,新增处理规模 228.39 万 t/d,见表3-85。

表3-85　郑州市"十二五"污水处理工程规划统计

编号	县(市、区)名称	项目名称	规模(万 t/d)	拟完成时间	COD 减排量(t)	氨氮减排量(t)
1	管城回族区	乾元浩生物股份有限公司郑州生物制药厂污水处理站改造	0.05	2012	22.5	2.5
2	新密市	新密市造纸群污水处理厂升级	7.5	2014	1 600	139.5
3	上街区	郑州海王微粉有限公司扩建工程项目	0.3	2015		
4	金水区	马头岗污水处理厂二期	30	2013	47 085	4 380
5	管城回族区	南三环污水处理厂	10	2013	16 425	1 643
6	惠济区	双桥污水处理厂	25	2015	27 000	3 150
7	二七区	马寨污水处理厂	5	2013	5 400	630
8	郑州新区	郑州新区污水处理厂	100	2015		
9	新密市	牛店镇生活污水处理厂	0.2	2012	219	21.9
10	新密市	超化镇生活污水处理厂	0.5	2012	548	54.8
11	新密市	刘寨镇生活污水处理一、二厂	2	2012	1 460	72
12	新密市	郑州曲梁镇产业聚集区污水处理工程	0.2	2012	198	21.9
13	新密市	来集镇生活污水处理厂	0.3	2012	261	31.5
14	新密市	平陌镇生活污水处理厂	0.25	2012	274	27
15	新密市	大隗镇生活污水处理厂	0.3	2012	274	27
16	新密市	苟堂镇生活污水处理厂	0.1	2012	108	10.8
17	新密市	新密市城市污水处理厂升级改造工程	5	2012	1 547.6	389.8
18	新郑市	新郑市新源污水处理有限责任公司二厂二期扩建	2.5	2012	1 610	135
19	新郑市	郭店镇生活污水处理厂	1	2015	750	36
20	新郑市	孟庄镇生活污水处理厂	0.5	2013	547.5	58.4
21	新郑市	辛店镇生活污水处理厂	0.5	2013	547.5	58.4
22	新郑市	新郑市第二污水处理厂二期工程	2.5	2013	3 300	292
23	新郑市	小乔社区生活污水处理建设	0.1	2015	100	10
24	新郑市	煤矿塌陷安置社区生活污水处理建设	0.1	2015	100	10
25	新郑市	城关乡新农村示范社区生活污水处理建设	0.1	2015	100	10

编号	县(市、区)名称	项目名称	规模(万 t/d)	拟完成时间	COD减排量(t)	氨氮减排量(t)
26	新郑市	城后马新农村示范社区生活污水处理建设	0.1	2015	100	10
27	新郑市	鸡王新农村示范社区生活污水处理建设	1.1	2015	100	10
28	航空港区	航空港区第一污水处理厂二期	2.5	2012	3 193	319
29	郑东新区	白沙污水处理厂二期工程	6	2014	7 500	750
30	中牟县	中牟县污水处理厂升级改造工程	2	2013		
31	登封市	登封市西部组团城市污水处理工程	0.5	2015	712	81
32	登封市	登封市东部组团城市污水处理工程	1.5	2014	1 460	81
33	登封市	少林污水处理厂	0.3	2012	262.8	18.6
34	登封市	大冶镇污水处理厂	0.5	2012	603.3	35.7
35	荥阳市	荥阳市第二污水处理厂	2	2013	1 675.4	142.7
36	上街区	上街区第二污水处理厂工程	3	2013	2 555	255.5
37	航空港区	航空港区第二污水处理厂(一期)工程	10	2015	14 235	1 277
38	巩义市	巩义市6个乡(镇)污水处理厂	2.09	2015	1 906.5	104.2
39	巩义市	巩义市污水处理二期扩建	3	2014	1 932	162

(二)城镇污水处理率目标

根据《郑州市环境保护"十二五"规划》目标,"十二五"期间要全面提升城镇污水处理水平,深挖工程减排潜力,加快城市污水处理厂及管网建设。强化污水处理厂中水回用,逐步实现中水的多元化及资源化利用。2015 年郑州市污水处理设施处理规模将达到 334.89 万 t/d,预测城市生活和工业污水排放量为 214.57 万 t/d,处理规模大于污水排放量。因此,到 2015 年中心城区城市污水处理率要提高到 95% 以上,县(市)城市污水处理率提高到 85% 以上;2020 年、2030 年分别达到 95% 和 100%。

(三)农村污水处理率目标

农村生活污水具有量大面广、有机物浓度偏高、间歇排放、控制困难等特点,未经处理的生活污水肆意排放进入周边水体,使河道、湖泊受到污染,严重破坏农村生态环境,直接威胁农民群众的身体健康,阻碍农村经济发展。目前,我国农村污水处理率还不到 10%,96% 的村庄没有排水渠道和污水处理系统。"十二五"期间,全国村镇污水治理率要提升 10%。

结合新型农村社区建设,大力实施农村环境综合治理,加快农村污水和立即处理设施建设步伐,制定提高生活污水、垃圾无害化处理水平的相关政策,规划郑州市农村污水处理率 2015 年达到 10% 以上,2020 年、2030 年分别达到 20% 和 30% 以上。

第四章　保障措施

为了贯彻《国务院关于实行最严格水资源管理制度的意见》,落实水资源开发利用控制红线,严格用水总量控制,促进水资源合理配置,以水资源的可持续利用支持经济社会的可持续发展,建立和健全保障措施。

第一节　实施最严格的管理制度

一、落实水资源开发利用红线,强化水资源配置与管理

切实加强基础工作,以需水管理为核心,抓好水资源综合规划和节约、保护等专业规划的编制,进一步推进水量分配方案、洪水资源化利用、黄河干流和主要支流水资源现状开发利用、中深层地下水的修复利用等方面的研究工作。严格建设项目水资源论证,从源头上把好水资源开发利用关,增强水资源管理在宏观经济决策中的主动性和有效性。强化水资源优化调度,保障城乡生活、生产和生态用水需求。

二、落实水功能区限制纳污红线,加强水资源保护

进一步修订完善水功能区规划,科学核定水域纳污能力,依法向有关部门提出限制排污意见。强化饮用水水源地保护,加强入河排污口监督管理,逐步建立水质监测体系,提高在线监测能力。强化地下水保护,建立地下水动态监测和监督管理体系,遏制地下水过度开发和超采。开展水生态保护和修复的试点工作,打造人水和谐的优良环境。今后在取水许可审批时,注重维持河流合理流量和湖泊、水库、地下水的合理水位,充分保障生态用水。

三、落实用水效率控制红线,实行用水定额管理制度

严格用水效率管理,研究制订覆盖主要用水行业、各地区的用水效率控制红线考核指标,建立用水效率监测考核和监督管理制度。建立用水定额控制体系和节约用水考核体系,对用水效率低于最低要求的用水户,依据定额依法核减取水量,同时强化节水管理,健全节水责任制和绩效考核机制。推进节水

型社会建设,建立试点探索不同水资源条件、不同发展水平地区建设节水型社会的模式与途径。抓好重点领域节水工作,农业领域继续抓好灌区的节水改造和先进实用的节水灌溉技术推广,工业领域要重点抓好钢铁、火力发电等高耗水行业节水,城市生活领域要加强管网改造和供、用水管理。把再生水纳入水资源统一配置,探索并逐步推进再生水等非传统水资源的利用。

第二节　出台调度管理措施,提高管理水平

一、建立健全水资源管理法规体系

根据郑州市取水许可总量控制细化方案的需要,依据国家和河南省有关法律法规制定《郑州市水资源管理办法》《郑州市取水许可管理办法》《郑州市节约用水管理办法》《郑州市排污许可总量控制管理办法》《郑州市污水排放及污水处理费征收管理规定》《郑州市雨水、中水利用建设管理规定》《郑州市再生水利用管理规定》等一系列管理办法和规定,逐步实现依法开展水资源管理工作。

二、建立健全以下管理制度

(一)郑州市取水许可管理制度

健全取水许可制度,加强取水许可制度的监督和管理,根据郑州市的可供水量核定许可水量。加强取用水的监督管理和行政执法。探索农业、工业有偿转让取水权的办法。建立与取水许可相配套的《水资源论证制度》《用水节水评估制度》。

(二)郑州市排污总量控制制度

建立排污口先由水行政主管部门审查同意后由环保部门审批的管理程序,共同加强河道排污口的监督和管理。

加强现有入河排污口的普查和登记工作,对违法设置的入河排污口及水质超标严重河段的入河排污口予以通报。新建、改建或者扩建入河排污口要进行严格论证;坚决取缔饮用水水源保护区内的直接排污口;对入河重点排污口,水利和环保部门要联合监测,实行定期和不定期检查。

依据国家排放标准和入河排污口的控制要求,合理制定取用水户退排水的监督管理控制标准。对取用水户退排水加强监督管理,严禁直接向河道排放超标工业废水,严禁利用渗坑向地下退排污水。

（三）郑州市用水、节水评估制度

继续推行建设项目水资源论证制度和用水、节水评估制度。统筹考虑经济社会发展和当地水资源条件、建设项目取水成本效益与社会成本效益的关系，使经济社会发展与水资源条件相适应。严格执行国家及省有关水资源论证和用水、节水评估的政策法规，规范论证和评估主体行为、严格论证和评估程序、明晰论证和评估内容、保证论证和评估质量，确保水资源论证和用水、节水评估制度的有效性与权威性。实行新建项目节水评估和建设项目"三同时"制度；对已建项目，开展取用水后评价工作。

第三节　建立监督管理机构，强化协调组织保障

一、完善水资源统一管理体制

规范水资源统一管理体制，强化水资源管理手段，提高水资源管理水平。整合目前分散的涉水行业的管理职能，由水务局负责城乡水资源开发利用的统一规划、统一调配，统一发放取水许可证、统一征收水资源费、统一管理水量水质。实行城区建立"市—乡（镇）—行业—企业"四级工业用水管理网络和"市—乡（镇）—街道—小区"四级生活用水管理网络，农村建立"市—乡（镇）—灌区（重点现代园区）"三级农业用水管理网络。

二、建立健全管理机构

由郑州市水务局牵头组建《郑州市水资源管理指标方案实施》办公室，贯彻落实郑州市"三条红线"控制指标细化方案；落实、汇报和协调上级流域取水许可总量控制；同环境、市政、农业等行政主管部门协调开展相关工作；协调、监督涉水单位完成情况；制定有关规章制度；开展各类总量控制指标管理，计划用水、节约用水管理，地表水、地下水动态监测等。

三、健全农民用水者协会

全面推行农业供水管理体制改革，完善以农民用水者协会为主要形式的基层农业用水管理体制，形成"农民自主全面管水—水管单位延伸服务"的新型管水模式，推进用水户参与管理，建立农业节水内在激励机制。推行"一费一票，收费到户"，建立健全农业水费收取与管理制度。

第四节 强化监测能力建设，做好实时调度管理

对郑州市目前河流监测断面、地下水监测点进行评估，科学合理地布设监测网络，增设科学先进的量水设施和逐步建立系统完善的监测体系，确保实时监测数据的可靠性和完整性，同时加强调度管理人员的技术培训，建立一个高素质、高水平的水量调度管理团队。由于用水受降雨、墒情等影响很大，因此在调度过程中要密切关注水、雨情和用水变化，根据需要及时对方案做出调整，包括用水分配指标、控制断面流量指标、一些蓄水工程泄流指标等，切实做好实时调度。

有计划分步骤完善农业、工业和生活用水计量设施。在配套相应的管理设施的基础上，对于规模以上的取水点全部实施计量、监控和用水统计制度。

加强农业用水的计量以及计量设施的建设与管理，在地下水用户中建立以电费或水量计量的模式，在渠灌区中，推行计量到斗门；逐步在农业灌溉中推广用水定额管理。

加强用水统计工作，全面实施用水统计制度。郑州市水行政主管部门要做好各行业的用水量、用水效率和效益的统计工作，定期发布供用水统计年报，作为供用水信息发布的平台，以及供用水计划调整的基础。

第五节 建立依法取水的公共监督和举报制度

实施郑州市最严格水资源管理制度，进一步增强郑州市水资源保护，必须加强社会监督和公众参与力度。郑州市水行政主管部门应建立水量、水质信息发布机制，定时或不定时地向公众发布水资源信息。建立举报制度，让大家关心水，保护水资源。

第六节 建立奖惩制度和水权转换制度

一、实行水权登记和用水许可制度

以用水许可制度和水权登记制度为切入点，规定水资源开发利用的方向并对用水量进行管理。规定水权登记和用水许可的程序、范围，许可用水的条件、期限，用水权的等级及用水权丧失、废止或转让的条件，以及有关奖励和处

罚的原则等。在用水优先权中,生活用水总享有等级最高的权利。当水资源不能满足所有需求时,水权等级低的用户必须服从于水权等级高的用户的用水需要。首先依照优先用水权的顺序供水;在优先用水权相同的情形下,依照用水的重要性或有利性的顺序供水;在重要性或有利性相同的情况下,先申请者享有优先权。

二、建立奖惩制度和水权转换制度

(一)利用价格杠杆促进节约用水,建立奖惩制度

利用价格杠杆实行计划用水管理,是促进节约用水行之有效的方法。采取了"抑制需要型"的收费方法,对一般用户水费分为"基本水费"和"超量水费"两部分。建立完善的水价体系,将污水处理、水资源许可等费用计入水价,推行"两部制"水价,对水量超过基本定额的用水户进行处罚,对节约用水的用户可以有价转让或给予奖励。当今世界各国已颁布了许多种法规,严格实行限制供水,对违者实行不同程度的罚款处理。

(二)充分发挥市场调节在用水管理中的作用

由于市场向高价值用水分配水资源,所以积极的水权交易会促进高效用水,水价水市场对促进改善水资源利用的潜力是巨大的,尤其是在水资源紧缺的地方。在水资源管理或用水管理中引入市场机制,建立可交易的水权制度,是改进水资源配置效率的重要制度措施。在水权交易制度中,通过国家(政府)对水权出让总量的控制,可以促进节水目标的实现,通过用水业户间的水权转让,则可以促进水资源在各用水业户(各地区、各部门、各单位)间优化配置。如建立了"水银行"制度,这是一种水权交易体系,将每年来水量按水权分成若干份,以股份制形式对水权进行管理,方便了水权交易程序,使得水资源的经济价值得以更充分的体现。水权转让可以是临时性的转让,也可以是永久性的转让;可在县内转让,也可跨县转让;可以全部转让,也可以部分转让。新用水户通过购买水权获得所需水量,剩余水量的用户也可通过转让获得收益。水权转让的价格完全由市场决定,政府不进行干预,转让人可采取拍卖、招标或其他认为合适的方式。同时,也可以进行水权的转换。另外,通过税收政策也可以促进节约用水。政府制定有严格的法规政策,不仅工业的水价高于家庭用水价,而且工厂用水超过计划定额时,要征收15%的节水税。

三、不断增强和培养节约用水的意识与习惯

(1)节水宣传教育应从公众利益的角度进行,还应注重实际与可操作性,

使用水户通过节水能获得实际的利益,配合奖惩措施,使节水宣传得到更好的效果。

(2)通过"水需求管理"计划,协助企业和个人节约用水,使节约用水和有效开发利用水资源的技术成为一项全民性的课题。

(3)通过补贴或奖励等形式鼓励全民节水,政府提供一部分补贴,鼓励和帮助居民购买雨水收集设备。

(4)推行节水奖励计划,由供水机构对证明可节水的建议予以奖励。低流量的淋浴头和水龙头可作为节水鼓励计划的一部分免费赠送。当用户用高效灌溉设备更换费水的灌溉设备时,可对用户购置较好的灌溉设备打折扣或免费。

参 考 文 献

［1］河南省水资源编纂委员会. 河南省水资源［M］. 郑州:黄河水利出版社,2007.

［2］中华人民共和国水利部. SL 219—98　水环境监测规范［S］. 北京:中国水利水电出版社,1998.

［3］彭新瑞,崔新华,江海涛,等. 水文计算实务［M］. 郑州:黄河水利出版社,2008.

［4］王小国,何长海. 浅析地下水开采对降雨径流的影响［J］. 河南水利与南水北调,2012(6):48-49.

［5］郑州市水务局. 郑州市水资源公报［R］. 2000—2012.

［6］河南省水利厅. 河南省水环境功能区划报告［R］. 2003.7.

［7］陈霁巍,徐明权,姚传江. 黄河治理与水资源开发利用(综合卷)［M］. 郑州:黄河水利出版社,1998.

［8］郑州市水务局. 郑州市水资源综合规划［R］. 2007.